T0233191

Analyse linearer und nichtlinearer elektrischer Schaltungen

Andreas Gräßer

Analyse linearer und nichtlinearer elektrischer Schaltungen

Ein Kompendium

4., aktualisierte Auflage

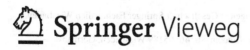

Andreas Gräßer
Seeheim-Jugenheim
Hessen, Deutschland

ISBN 978-3-658-41008-7   ISBN 978-3-658-41009-4   (eBook)
https://doi.org/10.1007/978-3-658-41009-4

Die Deutsche Nationalbibliothek verzeichnet diese Publikation in der Deutschen Nationalbibliografie; detaillierte bibliografische Daten sind im Internet über http://dnb.d-nb.de abrufbar.

Planung/Lektorat: Reinhard Dapper
Springer Vieweg ist ein Imprint der eingetragenen Gesellschaft Springer Fachmedien Wiesbaden GmbH und ist ein Teil von Springer Nature.
Die Anschrift der Gesellschaft ist: Abraham-Lincoln-Str. 46, 65189 Wiesbaden, Germany

Geleitwort

Für Studierende der Elektrotechnik, der Mechatronik und ähnlicher Studiengänge im Grund- und Hauptstudium.

Überblick über die wichtigsten Verfahren, Verdeutlichung der Prinzipien und Zusammenhänge, Beschränkung auf das Wesentliche.

Berücksichtigung numerischer Verfahren, die für die Analyse nichtlinearer Schaltungen unerlässlich sind. Derartige Verfahren sind auch die Grundlage von Schaltungssimulatoren.

Das Kompendium enthält darüber hinaus auch einen *„Crashkurs LTspice"*. Dieser Kurs beinhaltet eine Kurzbeschreibung und eine Kurzbedienungsanleitung des bekannten Schaltungssimulators LTspice. Dieser Simulator wird von der Firma Linear Technology kostenlos zur Verfügung gestellt.

Andreas Gräßer

V

Vorwort zur ersten Auflage

Die Studierenden der Elektrotechnik und der Mechatronik an Hochschulen und Universitäten werden im Grund- und Hauptstudium mit vielen Analyseverfahren für elektrische Schaltungen konfrontiert, sei es in der Gleichstromtechnik, der Wechselstromtechnik, der Regelungstechnik oder ähnlichen Disziplinen.

Dabei werden verschiedene Verfahren behandelt und die Studierenden verlieren manchmal den Überblick, wann welches Verfahren eingesetzt werden kann und wo die jeweiligen Grenzen, Besonderheiten und Verwandtschaften liegen. Dieses Buch soll in kurzer und prägnanter Form diesen Mangel beheben, das Verständnis und den Überblick fördern.

Erstaunlicherweise werden in den meisten Elektrotechnik-Kursen und Elektrotechnik-Grundlagenbüchern immer die gleichen „klassischen" Analyseverfahren sehr ausführlich behandelt. Numerische Verfahren, die für die Analyse nichtlinearer Schaltungen unerlässlich sind und die selbstverständlich auch die Grundlage für Schaltungssimulatoren bilden, werden dagegen meist ignoriert.

Der Autor ist der Meinung, dass die numerischen Verfahren im Computerzeitalter zum elektrotechnischen Allgemeinwissen gehören sollten. Im vorliegenden Buch werden sie deshalb berücksichtigt. Die Kenntnis dieser Verfahren erleichtert beispielsweise die Anwendung von Simulationsprogrammen erheblich (die Wahl optimaler Simulationsparameter wird einfacher, Simulationsergebnisse können besser interpretiert werden usw.). Darüber hinaus können die beschriebenen numerischen Verfahren auch auf ganz andere Problemfelder übertragen und dort nutzbringend angewendet werden. Die beschriebenen numerischen Verfahren sind übrigens erstaunlich einfach zu verstehen.

Um das Buch abzurunden, wird noch eine Kurzbeschreibung des bekannten Schaltungssimulators PSpice angefügt. Dabei wird erläutert, wie man sich die Demoversion des Programms kostenlos beschaffen kann, was das Programm leistet und wie man es bedient.

Welche Voraussetzungen sollte man mitbringen, um vom vorliegenden Buch besonders zu profitieren? Wichtig ist, dass man sich schon mit den Grundlagen der Elektrotechnik und der Mathematik, wie sie im ersten Jahr an Hochschulen und Universitäten gelehrt werden, auseinandergesetzt hat.

Die Berechnung einfacher Schaltungen mithilfe des Ohmschen Gesetzes und der Kirchhoffschen Regeln sollte kein Problem sein. Die komplexe Rechnung, der Einsatz der komplexen Rechnung in der Wechselstromtechnik und die Fourier-Analyse sollten ebenfalls schon bekannt sein. Diese Dinge werden im Buch in den ersten vier Kapiteln kurz wiederholt, vertieft und vielleicht auch etwas anders dargestellt, um alles ein bisschen verständlicher zu machen. Nach dieser Wiederholung versucht der Autor durch sukzessive Erweiterungen dieser Verfahren den Studierenden die Fourier-Transformation und die Laplace-Transformation nahezubringen. Falls Studierende noch nichts von diesem Transformations-Verfahren gehört haben, sollte das kein Problem sein. In den letzten Kapiteln werden dann numerische Verfahren behandelt, auch da werden keine speziellen Vorkenntnisse erwartet.

Woher nimmt der Autor nun die Berechtigung, ein solches Buch zu schreiben? Er war jahrelang an der Hochschule Darmstadt als Dozent im Fachbereich Elektrotechnik und Informationstechnik tätig und bildet sich deshalb ein, die Stärken, Schwächen und Nöte der Studierenden zu kennen. Er leitet daraus ab, dass er den Studierenden mit dem vorliegenden Buch helfen kann.

Das Buch möchte der Autor übrigens Neo, seinem kleinen Enkel, widmen. Momentan wird Neo wohl noch nicht viel Interesse an dem Buch bekunden, aber das kann sich im Laufe der Zeit vielleicht ändern!

Seeheim   Andreas Gräßer
November 2011

Vorwort zur vierten Auflage

Die vierte Auflage ist im Wesentlichen mit den vorhergehenden Auflagen identisch. Mit einer Ausnahme: Der Abschnitt 10 ist vollständig überarbeitet worden. In den vorhergehenden Auflagen wurde eine von der Firma Cadence Design Systems kostenlos erhältliche Demoversion des Schaltungssimulators PSpice beschrieben. Dieses Programm ist leider nicht mehr verfügbar. Aber glücklicherweise wird von der Firma Linear Technology eine Spice Vollversion LTspice kostenlos zur Verfügung gestellt. Dieses sehr mächtige Programm wird nun in der vierten Auflage in Abschn. 10 ausführlich beschrieben.

Seeheim   Andreas Gräßer
Dezember 2022

Inhaltsverzeichnis

Grundlegende Zusammenhänge und Begriffe

1.1 Einführung

In Kap. 1 werden einige der in den nächsten Kapiteln immer wieder benötigten Gleichungen, Regeln und Definitionen zusammengestellt. Dabei handelt es sich um eine Zusammenfassung und Wiederholung. Der Autor geht davon aus, dass der Leser sich mit diesen Grundlagen bereits auseinandergesetzt hat.

1.2 Bauelementegleichungen und Kirchhoffsche Regeln

Die Bauelementegleichungen für Widerstände, Spulen, Kondensatoren und die Kirchhoffschen Regeln bilden die Grundlage jeder Schaltungsanalyse und sollen deshalb hier noch einmal aufgelistet werden.

Idealer Widerstand (Ohmscher Widerstand R)

Symbol: Bauelementegleichung: $u = R \cdot i$

$$\tag{1.1}$$

© Springer Fachmedien Wiesbaden GmbH, ein Teil von Springer Nature 2023
A. Gräßer, *Analyse linearer und nichtlinearer elektrischer Schaltungen*,
https://doi.org/10.1007/978-3-658-41009-4_1

Ideale Spule (Induktivität L)

Symbol: Bauelementegleichung: $u = L \dfrac{di}{dt}$

$$(1.2)$$

Idealer Kondensator (Kapazität C)

Symbol: Bauelementegleichung: $i = C \dfrac{du}{dt}$

$$(1.3)$$

Kirchhoffsche Knotenregel

$$\sum_{k=1}^{K} i_k = 0 \qquad (1.4)$$

Die Summe aller auf einen Knoten zu- und abfließenden Ströme ist Null. Bei der Summenbildung muss eine Vereinbarung getroffen werden, ob die zum Knoten fließenden Ströme oder die vom Knoten wegfließenden Ströme positiv bzw. negativ gewertet werden sollen.

Kirchhoffsche Maschenregel

$$\sum_{k=1}^{K} u_k = 0 \qquad (1.5)$$

Die Summe aller Spannungsabfälle in einem geschlossenen Maschenumlauf ist Null. Bei der Summenbildung muss eine Vereinbarung getroffen werden, welche Spannungs-Richtungen bei einem Umlauf positiv bzw. negativ gewertet werden sollen.

Spannungs- und Strompfeile
Wenn man eine Schaltungsanalyse mit Hilfe der Bauelementegleichungen und der Kirchhoffschen Regeln durchführt, muss man Spannungs- und Strompfeile für die gesuchten Größen und die zur Berechnung benötigten Hilfsgrößen in die Schaltung einfügen. In Abb. 1.1 sind die entsprechenden „Bepfeilungsregeln" angedeutet. Bei Quellen sind Spannungs- und Strompfeile entgegengesetzt

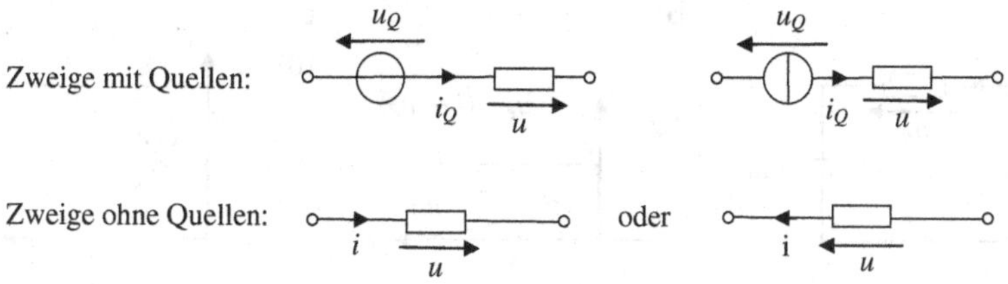

Zweige mit Quellen:

Zweige ohne Quellen: oder

Abb. 1.1 Bepfeilungsregeln

gerichtet anzugeben, ansonsten werden Spannungs- und Strompfeile immer gleichgerichtet angenommen. Die Ergebnisse einer Schaltungsanalyse sind dann folgendermaßen zu interpretieren:

Positive Ergebnisse: Die angenommenen Spannungs-/Stromrichtungen sind richtig

Negative Ergebnisse: Die angenommenen Spannungs-/Stromrichtungen sind falsch

1.3   Lineare- und nichtlineare Schaltungen

In diesem Buch werden häufig die Begriffe „linear" und „nichtlinear" verwendet. Deshalb erscheint es angebracht, diese Begriffe etwas zu verdeutlichen.

Lineare Schaltungen

Schaltungen werden als *linear* bezeichnet, wenn eine Änderung einer erregenden Größe eine entsprechende proportionale Änderung der von der erregenden Größe abhängigen Größen zur Folge hat.

Das soll an Hand eines Beispiels in Abb. 1.2 verdeutlicht werden. In Abb. 1.2a ist eine Schaltung dargestellt, die aus einem Widerstand R und einem Kondensator C besteht, ein sogenanntes RC-Glied. Der Kondensator sei zum Zeitpunkt $t = 0$ ungeladen.

Die Schaltung wird nun in einem ersten Gedankenexperiment mit einer Sprungfunktion $u_e(t < 0) = 0\,\text{V}$, $u_e(t \geq 0) = 5\,\text{V}$ erregt. In Abb. 1.2b sind die entsprechenden Verläufe der Spannungen $u_C(t)$ und $u_R(t)$ dargestellt. Diese Größen verlaufen exponentiell. Der Strom $i(t)$ ist wegen Gültigkeit des Ohmschen Gesetzes der Spannung $u_R(t)$ proportional.

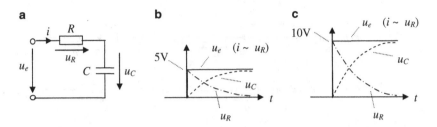

Abb. 1.2 Beispiel für eine lineare Schaltung

Wir wollen jetzt das Experiment wiederholen, die erregende Spannung $u_e(t)$ soll aber diesmal von 0 V auf 10 V springen. An Hand von Abb. 1.2c erkennt man, dass sich dann alle Spannungen und Ströme in der Schaltung gegenüber dem ersten Experiment verdoppeln. Die Änderung der erregenden Größe hat also entsprechende proportionale Änderungen aller von der erregenden Größe abhängigen Größen zur Folge. Die Schaltung ist also linear!

Lineare Schaltungen bestehen aus linearen Bauelementen. Lineare Bauelemente bzw. Schaltungen werden durch *lineare Gleichungen* beschrieben. In derartigen Gleichungen tauchen alle Variablen und deren Ableitungen nur in der ersten Potenz auf (höhere Ableitungen, z. B. d^2u/dt^2, sind erlaubt. Aber das Quadrat einer Ableitung, z. B. $(du/dt)^2$, würde gegen die Linearitätsbedingung verstoßen!).

Ideale Widerstände, Spulen und Kondensatoren (mit konstantem R, L, C) sind also lineare Bauelemente, Schaltungen mit diesen Elementen ergeben lineare Schaltungen.

Nichtlineare Schaltungen
Nichtlineare Schaltungen erfüllen nicht die oben beschriebene „Proportionalitätsbedingung". Derartige Schaltungen enthalten nichtlineare Bauelemente, z. B. Dioden. Die Analyse nichtlinearer Schaltungen kann (abgesehen von einfachsten Schaltungen) nur mit Hilfe numerischer Verfahren erfolgen. In den Kap. 8 und 9 werden diese Verfahren ausführlich behandelt.

1.4 Instationäre- und stationäre Zustände, Transientenanalyse

In diesem Abschnitt sollen noch einige Begriffe erläutert werden, die in den nächsten Kapiteln immer wieder verwendet werden.

Instationäre und stationäre Zustände

Wenn man Schaltungen analysiert, die keine Spulen und/oder Kondensatoren enthalten, erkennt man: Die Spannungen und Ströme in solchen Schaltungen folgen sich ändernden erregenden Größen ohne zeitliche Verzögerung. Wenn man beispielsweise einen ohmschen Spannungsteiler betrachtet, so werden nach dem Anschalten einer Gleichspannung die Spannungen an den Widerständen sofort auf ihren endgültigen Wert springen.

Ganz anders sehen die Verhältnisse aus, wenn eine Schaltung Spulen und/oder Kondensatoren enthält. Dann folgen die Spannungen und Ströme in der Schaltung sich ändernden erregenden Größen nicht direkt, sondern verzögert, da Lade- und/oder Entladevorgänge stattfinden.

Zur Verdeutlichung dieser Verhältnisse wollen wir noch einmal das in Abb. 1.2 dargestellte *RC*-Glied bemühen. In einem Gedankenexperiment wollen wir zum einen eine Gleichspannung und zum anderen eine sinusförmige Spannung zum Zeitpunkt $t = 0$ an die Schaltung legen. Wir gehen wieder davon aus, dass der Kondensator zu den Schaltzeitpunkten ungeladen ist. Dann wollen wir uns die Spannung am Kondensator anschauen. Die Ergebnisse dieser Experimente sind in Abb. 1.3 dargestellt.

a

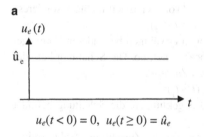

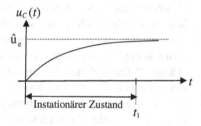

$u_e(t < 0) = 0, \quad u_e(t \geq 0) = \hat{u}_e$

b

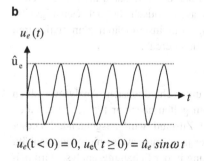

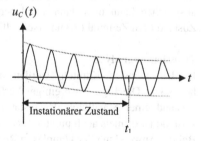

$u_e(t < 0) = 0, \quad u_e(t \geq 0) = \hat{u}_e \sin \omega t$

Abb. 1.3 Instationäre Zustände

Das Ergebnis des ersten Experimentes (eine Gleichspannung wird an das *RC*-Glied gelegt) ist ja bereits bekannt (siehe Abb. 1.2), wird aber in Abb. 1.3 nochmals aufgeführt. Man erkennt, dass nach dem Schaltvorgang der Kondensator *C* aufgeladen wird. Die Spannung am Kondensator steigt exponentiell an. Nach einer gewissen Zeit, etwa ab t_1, kann der Ladevorgang als beendet angesehen werden, die Spannung am Kondensator hat den Endwert $\hat{u}_e$ nahezu erreicht, $u_C(t)$ kann dann als gleichförmig betrachtet werden.

Nun zum zweiten Experiment (eine sinusförmige Spannung wird an das *RC*-Glied gelegt). Hier sind die Verhältnisse etwas komplizierter. Nach dem Schaltvorgang wird der Kondensator *C* zunächst von Null an aufgeladen, dann (mit abfallender Flanke der sinusförmigen Eingangsspannung) wieder entladen usw. Die Kondensatorspannung verläuft also zunächst nicht sinusförmig. Nach einiger Zeit, etwa ab t_1, wird aber ein Gleichgewichtszustand erreicht. $u_a(t)$ verläuft nun nahezu symmetrisch zur *t*-Achse bzw. nimmt einen sinusförmigen Verlauf an.

Es sieht also offensichtlich so aus, als ob in einer Schaltung mit Energiespeichern nach einem Schaltvorgang ganz besondere Vorgänge stattfinden. Diese Vorgänge klingen aber im Laufe der Zeit ab. Man kann also ganz bestimmte Zeitbereiche unterscheiden.

Die Zeit vor dem Schaltvorgang ($t < 0$):

Es liegt ein sogenannter *stationärer Zustand* vor, es passiert nichts besonderes.

„Kürzere" Zeit nach dem Schaltvorgang ($0 \leq t \leq t_1$):

In diesem Zeitbereich spielen sich die oben erwähnten besonderen Vorgänge, sie werden auch als *Einschwingvorgänge* bezeichnet, ab. Die Schaltung befindet sich dann in einem sogenannten *instationären Zustand*.

„Längere" Zeit nach dem Schaltvorgang ($t > t_1$):

Der instationäre Zustand ist weitgehend abgeklungen, die Schaltung befindet sich wieder in einem stationären Zustand.

Es soll noch angemerkt werden, dass der stationäre Zustand nie exakt erreicht wird, man nähert sich diesem Zustand nur asymptotisch. Je nach Genauigkeitsansprüchen kann man dann den Übergang vom instationären zum stationären Zustand (den Zeitpunkt t_1) unterschiedlich „definieren".

Transientenanalyse

In den nächsten Kapiteln werden die unterschiedlichsten Analyseverfahren behandelt. Die Ergebnisse einiger Verfahren gelten aber nur für den stationären Zustand einer Schaltung, der instationäre Zustand wird ausgeblendet. Dieser Zustand ist oftmals auch uninteressant, da er ja normalerweise nicht lange anhält. Bei der Anwendung der komplexen Rechnung in der Schaltungsanalyse wird beispielsweise nur der stationäre Zustand berücksichtigt.

Manchmal ist aber auch der instationäre Zustand von Bedeutung, z. B. in der Regelungstechnik. Dort ist der zeitliche Verlauf einer Regelgröße nach einem Schaltvorgang (z. B. einer sprungartigen Veränderung eines Sollwertes) besonders interessant. Eine Schaltungsanalyse, die den instationären Zustand mit berücksichtigt, wird als *Transientenanalyse* bezeichnet. Transientenanalysen für lineare Schaltungen kann man beispielsweise mit Hilfe der Laplace-Transformation durchführen.

1.5 Zusammenfassung und Ergänzungen

Im Kap. 1 sind die Bauelementegleichungen für Widerstände, Spulen und Kondensatoren sowie die Kirchhoffschen Regeln zusammengestellt. Diese Gleichungen und Regeln bilden die Grundlage aller Analyseverfahren.

Darüber hinaus wird verdeutlicht, was „Linearität" bzw. „Nichtlinearität" bedeutet. Ferner werden die Begriffe stationärer Zustand, instationärer Zustand und Transientenanalyse erläutert.

1.5 Zusammenfassung und Ergänzungen

Lineare Schaltungen (Widerstände), gleichförmige Erregungen, Knotenpotenzial-Verfahren

2

2.1 Einführung

In Kap. 2 wird das Knotenpotenzial-Verfahren vorgestellt. Mit Hilfe dieses Verfahrens können auch umfangreiche Schaltungen sehr effizient analysiert werden. Das Verfahren ist leicht schematisierbar und programmierbar und damit sehr „computergerecht". Allerdings kann das Verfahren lediglich auf Schaltungen angewendet werden, die nur Widerstände und Quellen enthalten. Allzu aufregend scheint das Knotenpotenzial-Verfahren deshalb zunächst nicht zu sein, denn in der Praxis sind derart einfache Schaltungen eher seltene Spezialfälle. Aber wir werden in den Kap. 7 bis 9 erkennen, dass es Möglichkeiten gibt, ganz beliebige lineare und sogar nichtlineare Schaltungen auf einfache Ersatzschaltbilder zurückzuführen, die ausschließlich aus Widerständen und Quellen bestehen. Diese Schaltungen werden damit wieder dem Knotenpotenzial-Verfahren zugänglich. Deshalb hat dieses Verfahren eine sehr große Bedeutung und ist ein wesentlicher Bestandteil nahezu aller Schaltungssimulatoren.

2.2 Knotenpotenzial-Verfahren

Der Leser dieses Kompendiums kennt das Knotenpotenzial-Verfahren sicherlich schon, aber aufgrund der Wichtigkeit dieses Verfahrens soll es hier relativ ausführlich wiederholt werden.

Zunächst einige Grundbegriffe: Jede Schaltungsstruktur besteht aus Knoten und Zweigen. Einem dieser Knoten kann ein Bezugspotenzial von 0 V zugeordnet werden. Dieser Knoten wird als *Bezugsknoten* oder *Masse* bezeichnet. Unter *Zweigspannungen* versteht man alle Spannungen zwischen zwei Knoten.

© Springer Fachmedien Wiesbaden GmbH, ein Teil von Springer Nature 2023
A. Gräßer, *Analyse linearer und nichtlinearer elektrischer Schaltungen*,
https://doi.org/10.1007/978-3-658-41009-4_2

Als Knotenspannungen werden speziell die Zweigspannungen bezeichnet, die zwischen einem nicht als Bezugsknoten deklarierten Knoten und dem Bezugsknoten liegen. Als *Zweigströme* bezeichnet man die Ströme in den Zweigen. Mit Hilfe des Knotenpotenzial-Verfahrens kann ein Gleichungssystem für alle Knotenspannungen einer Schaltung aufgestellt werden. Die Lösung dieses Gleichungssystems kann dann mit Hilfe des Gauß-Algorithmus erfolgen. Dieser Algorithmus wird hier als bekannt vorausgesetzt und nicht noch einmal wiederholt.

Wenn die Knotenspannungen bekannt sind, können alle weiteren Größen der Schaltung sehr einfach ermittelt werden: Noch nicht berechnete Zweigspannungen ergeben sich jeweils als Differenz zweier Knotenspannungen. Mit Hilfe der Zweigspannungen können dann die Zweigströme über das Ohmsche Gesetz ermittelt werden. Man erkennt sofort den Vorteil dieses Verfahrens: Das für die Knotenspannungen aufgestellte Gleichungssystem ist viel kleiner als ein Gleichungssystem für alle unbekannten Größen. Das spart Rechenzeit, da der Zeitaufwand zur Lösung eines Gleichungssystems mit zunehmender Anzahl der Gleichungen überproportional ansteigt. Die zusätzliche „Rechnerei" zur Bestimmung der noch fehlenden Zweigspannungen und Zweigströme ist dagegen vernachlässigbar.

Wie kann nun ein Gleichungssystem für die Knotenspannungen möglichst schnell und einfach aufgestellt werden? Diese Frage soll an Hand eines einfachen Beispiels erläutert werden. Zunächst sollen die Gleichungen für die Knotenspannungen „klassisch" mit Hilfe der Kirchhoffschen Regeln und des Ohmschen Gesetzes ermittelt werden. Aus der Interpretation des Ergebnisses ergeben sich dann interessante Möglichkeiten für eine Formalisierung der Vorgehensweise.

Beispiel

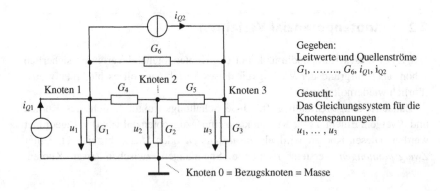

Gegeben:
Leitwerte und Quellenströme
$G_1, \ldots, G_6, i_{Q1}, i_{Q2}$

Gesucht:
Das Gleichungssystem für die
Knotenspannungen
$u_1, \ldots, u_3$

Knoten 0 = Bezugsknoten = Masse

In der Schaltung sind zur Vorbereitung des Knotenpotenzial-Verfahrens bereits alle Knoten durchnummeriert. Der als Bezugsknoten definierte Knoten trägt die Nummer 0. Statt der Widerstände sind im Beispiel die Leitwerte eingetragen. Bei der Anwendung des Knotenpotenzial-Verfahrens ist die „Leitwertschreibweise" günstiger. ◄

Aufstellung der Gleichungen für die Knotenspannungen -klassische Vorgehensweise

Um obige Beispielsschaltung zeichnerisch nicht zu überladen, sind einige für Zwischenrechnungen benötigte Ströme nicht eingetragen. Aber die Bezeichnungen sind selbsterklärend. i_{20} bezeichnet z. B. den vom Knoten 2 durch G_2 zum Bezugsknoten 0 fließenden Zweigstrom. i_{13} bezeichnet z. B. den vom Knoten 1 durch G_6 zum Knoten 3 fließenden Zweigstrom usw.

Nach dieser Vorbemerkung soll nun das Gleichungssystem für die Knotenspannungen aufgestellt werden, wir wenden zunächst die Kirchhoffsche Knotenregel mehrfach an:

$$\text{Knoten 1: } i_{Q1} = i_{10} + i_{12} + i_{13} + i_{Q2}$$
$$\text{Knoten 2: } i_{12} = i_{20} + i_{23}$$
$$\text{Knoten 3: } i_{Q2} + i_{13} + i_{23} = i_{30}$$

Die unbekannten Ströme (d. h. alle Ströme außer den Quellenströmen i_{Q1}, i_{Q2}) sollen jetzt über die Knotenspannungen u_1, u_2, u_3 und die Leitwerte ausgedrückt werden. Dazu benötigen wir das Ohmsche Gesetz und die Kirchhoffsche Maschenregel:

$$i_{10} = G_1 u_1, i_{20} = G_2 u_2, i_{30} = G_3 u_3$$
$$i_{12} = G_4(u_1 - u_2)$$
$$i_{13} = G_6(u_1 - u_3)$$
$$i_{23} = G_5(u_2 - u_3)$$

Wenn nun die eben gebildeten Ausdrücke für die Ströme in das darüber stehende Gleichungssystem eingesetzt werden, erhält man schon das Gleichungssystem für die gesuchten Knotenspannungen:

$$\text{Knoten 1: } i_{Q1} = G_1 u_1 + G_4(u_1 - u_2) + G_6(u_1 - u_3) + i_{Q2}$$
$$\text{Knoten 2: } G_4(u_1 - u_2) = G_2 u_2 + G_5(u_2 - u_3)$$
$$\text{Knoten 3: } i_{Q2} + G_6(u_1 - u_3) + G_5(u_2 - u_3) = G_3 u_3$$

Nun werden die Klammern aufgelöst und alles wird noch ein bisschen umgeordnet, man erhält das folgende Gleichungssystem:

Knoten 1: $i_{Q1} - i_{Q2} = (G_1 + G_4 + G_6)u_1 - G_4u_2 - G_6u_3$

Knoten 2: $0 = -G_4 u_1 + (G_2 + G_4 + G_5)u_2 - G_5u_3$

Knoten 3: $i_{Q2} = -G_6 u_1 - G_5 u_2 + (G_3 + G_5 + G_6) u_3$

Das zuletzt abgeleitete Gleichungssystem kann durch Anwendung der Matrizenschreibweise etwas übersichtlicher formuliert werden, man erhält das System Gl. (2.1):

$$
\begin{matrix} \text{Knoten 1:} \\ \text{Knoten 2:} \\ \text{Knoten 3:} \end{matrix}
\begin{pmatrix} i_{Q1} - i_{Q2} \\ 0 \\ i_{Q2} \end{pmatrix}
=
\begin{pmatrix} G_1 + G_4 + G_6 & -G_4 & -G_6 \\ -G_4 & G_2 + G_4 + G_5 & -G_5 \\ -G_6 & -G_5 & G_3 + G_5 + G_6 \end{pmatrix}
\cdot
\begin{pmatrix} u_1 \\ u_2 \\ u_3 \end{pmatrix}
$$

(2.1)

Es wird hier vorausgesetzt, dass sich der Leser bereits mit der Matrizenschreibweise und den Grundlagen der Matrizenrechnung vertraut gemacht hat.

In Gl. (2.1) können noch Abkürzungen für die Matrixelemente verwendet werden, damit ergibt sich das System Gl. (2.2):

$$
\begin{matrix} \textbf{Knoten 1:} \\ \textbf{Knoten 2:} \\ \textbf{Knoten 3:} \end{matrix}
\begin{pmatrix} i_1 \\ i_2 \\ i_3 \end{pmatrix}
=
\begin{pmatrix} a_{11} & a_{12} & a_{13} \\ a_{21} & a_{22} & a_{23} \\ a_{31} & a_{32} & a_{33} \end{pmatrix}
\cdot
\begin{pmatrix} u_1 \\ u_2 \\ u_3 \end{pmatrix}
$$

Stromspalte   Koeffizientenmatrix   Spannungsspalte

i_k $a_{zs} = a_{Zeile\ Spalte}$ u_k

(k, z, s können die Werte 1, 2, 3 annehmen)

(2.2)

Der Leser, der die Aufstellung des Gleichungssystems für die Knotenspannungen nachvollzogen hat, wird feststellen, dass es etwas Zeit kostet. Aber die Verfahrensweise kann abgekürzt werden!

Aufstellung der Gleichungen für die Knotenspannungen -verkürzte Vorgehensweise-

Wenn man das Gleichungssystem Gl. (2.2) bzw. Gl. (2.1) und die Beispielsschaltung vergleicht, erkennt man, dass die Ströme i_1, i_2, i_3 und die Koeffizienten a_{11}, ..., a_{33}

sofort bestimmt werden können, wenn die im folgenden aufgelisteten Bildungsgesetze Gl. (2.3) angewendet werden:

Bildungsgesetze für i_k, a_{zs} (2.3)

Berechnen der Ströme i_k:

i_k = Summe der Quellenströme am Knoten k.
Die zum Knoten k fließenden Ströme werden dabei positiv, die vom Knoten k
wegfließenden Ströme negativ gewertet.

Beispiel: $i_1 = i_{Q1} - i_{Q2}$ = Summe der Quellenströme am Knoten 1

Berechnen der Diagonalkoeffizienten $a_{zs} = a_{kk}$ (z = s = k):

a_{kk} = Summe der Leitwerte am Knoten k

Beispiel: $a_{22} = G_2 + G_4 + G_5$ = Summe der Leitwerte am Knoten 2

Berechnen der Nicht-Diagonalkoeffizienten a_{zs} (z ≠ s):

a_{zs} = − (Summe der Leitwerte zwischen Knoten z und Knoten s)

Beispiel: $a_{13} = - G_6$ = − (Summe der Leitwerte zwischen Knoten 1 und Knoten 3)

Diese Bildungsgesetze gelten nicht nur für unsere Beispielsschaltung, sie können
sinngemäß auf beliebige Schaltungen angewendet werden, die aus Leitwerten
und Quellen bestehen.

An Hand des Bildungsgesetzes für die Nicht-Diagonalkoeffizienten ist zu
erkennen, dass $a_{zs} = a_{sz}$ gelten muss, die Koeffizientenmatrix ist also „diagonal-
symmetrisch". Wenn man das berücksichtigt, kann man Rechenarbeit sparen!
Noch eine Bemerkung: Wenn die Knoten z und s nicht direkt mit einem Leitwert
verbunden sind, muss $a_{zs} = 0$ gesetzt werden (kein Leitwert bedeutet ja $R = \infty$
bzw. $G = 0$!).

Das eben behandelte Beispiel enthält keine Spannungsquellen. Wenn ideale
Spannungsquellen, ohne Innenwiderstände, in der Schaltung enthalten sind, ver-
sagt das Knoten-spannungsverfahren. Dieser „Schönheitsfehler" des Verfahrens
ist aber unproblematisch. In der Realität haben ja alle Spannungsquellen einen,
wenn auch noch so kleinen, Innenwiderstand. Spannungsquellen mit Innenwider-
ständen können aber recht einfach in äquivalente Stromquellen umgewandelt
werden, vgl. Abb. 2.1. Wenn diese Umwandlung durchgeführt wird, kann
das Knotenpotenzial-Verfahren wieder wie beschrieben angewendet werden.
In Simulationsprogrammen wird bei Eingabe einer idealen Spannungsquelle

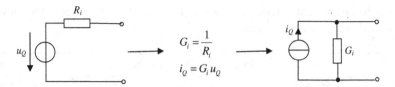

Abb. 2.1 Umwandlung einer Spannungsquelle in eine äquivalente Stromquelle

manchmal etwas „geschummelt": Das Programm fügt einen Innenwiderstand hinzu, der allerdings so klein ist, dass das Schaltungsverhalten praktisch nicht verändert wird! Danach kann die routinemäßige Umwandlung in eine Stromquelle erfolgen und alles läuft wie gewohnt.

Die oben beschriebene Methode zur Behandlung idealer Spannungsquellen („Einbau" eines kleinen Innenwiderstandes) ist nicht jedermanns Sache. Im folgenden Abschnitt wird gezeigt, dass es auch eine Möglichkeit gibt, ohne diese „Schummelei" auszukommen.

Die eben erläuterte Methode zur Bestimmung der Ströme i_k und der Koeffizienten a_{zs} der Lösungsmatrix kann recht einfach in einen computergerechten Algorithmus umgesetzt werden. Voraussetzung ist allerdings, dass die in Betracht gezogene Schaltung intern im Computer in Form einer *Netzliste* vorliegt. In einer derartigen Liste müssen alle in der Schaltung enthaltenen Bauelemente mit entsprechenden Bauelementewerten sowie den Knoten, mit denen diese Bauelemente verbunden sind, aufgelistet sein.

Mit Hilfe einer solchen Netzliste ist es dann recht einfach, die Elemente der Lösungsmatrix zu spezifizieren. Wenn man beispielsweise die Koeffizienten a_{kk} ermitteln will, muss man einfach die Netzliste Zeile für Zeile durchlaufen und „nachschauen", ob ein Leitwert am Knoten k angebunden ist. Wenn „ja", muss man den entsprechenden Wert zu einer (beim Start auf Null gesetzten) Variablen addieren. Wenn dann alle Zeilen durchlaufen sind, hat man den gewünschten Koeffizienten a_{kk} gewonnen. Ähnlich kann man bei der Ermittlung der Ströme i_k und der Koeffizienten a_{zs} verfahren.

Wenn man nun die Lösungsmatrix ermittelt hat, kann man mittels des Gauß-Algorithmus alle Knotenspannungen berechnen. Anschließend können die restlichen Spannungen und Ströme ermittelt werden. Wie bereits erwähnt, ist der dafür notwendige Rechenaufwand sehr gering.

2.3   Erweiterung des Knotenpotenzial-Verfahrens

In diesem Abschnitt wollen wir uns noch einmal mit der Behandlung idealer Spannungsquellen befassen, und wir wollen noch erläutern, wie gesteuerte Quellen in das Knotenpotenzial-Verfahren integriert werden können.

Behandlung idealer Spannungsquellen
Etwas weiter oben wurde bereits erläutert, dass man ideale Spannungsquellen durch Hinzufügen eines extrem kleinen Innenwiderstandes in entsprechende Stromquellen umwandeln kann. Damit können auch Schaltungen, die ideale Spannungsquellen enthalten, mit dem Knotenpotenzial-Verfahren analysiert werden. Diese nicht ganz „saubere" Methode kann man aber, zumindest für einige Spezialfälle, vermeiden. Im Folgenden dazu einige Erläuterungen.

Wenn eine ideale Spannungsquelle in der Schaltung vorkommt, kann man den Bezugsknoten mit einem Pol dieser Quelle verbinden. Da die Quellenspannung bekannt ist, kennt man die Spannung am anderen Pol der Quelle und damit die entsprechende Knotenspannung. Das Gleichungssystem für die Knotenspannungen kann deshalb um eine Gleichung reduziert werden. Das Verfahren funktioniert auch, wenn mehrere ideale Spannungsquellen in der Schaltung vorkommen, die alle mit jeweils einem Pol an einem gemeinsamen Knoten angebunden sind. Dieser Knoten muss dann als Bezugsknoten gewählt werden. Die jeweils anderen Pole der Spannungsquellen hängen dann an irgendwelchen Knoten, deren Knotenspannungen wiederum bekannt sind. Das Gleichungssystem für die Knotenspannungen kann deshalb um eine entsprechende Anzahl von Gleichungen reduziert werden. Diese Methode soll an Hand eines Beispiels verdeutlicht werden.

Beispiel

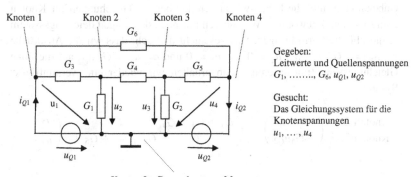

Knoten 1   Knoten 2   Knoten 3   Knoten 4

Gegeben:
Leitwerte und Quellenspannungen
$G_1, \ldots, G_6, u_{Q1}, u_{Q2}$

Gesucht:
Das Gleichungssystem für die Knotenspannungen
$u_1, \ldots, u_4$

Knoten 0 = Bezugsknoten = Masse

Die Schaltung enthält vier Knoten. Das Gleichungssystem hat also folgende Form:

$$
\begin{matrix}
\text{Knoten 1:} \\
\text{Knoten 2:} \\
\text{Knoten 3:} \\
\text{Knoten 4:}
\end{matrix}
\begin{pmatrix} i_1 \\ i_2 \\ i_3 \\ i_4 \end{pmatrix} =
\begin{pmatrix}
a_{11} & a_{12} & a_{13} & a_{14} \\
a_{21} & a_{22} & a_{23} & a_{24} \\
a_{31} & a_{32} & a_{33} & a_{34} \\
a_{41} & a_{42} & a_{43} & a_{44}
\end{pmatrix}
\cdot
\begin{pmatrix} u_1 \\ u_2 \\ u_3 \\ u_4 \end{pmatrix}
$$

Mit Hilfe der Bildungsgesetze Gl. (2.3) sollen nun die einzelnen Elemente der Matrix bestimmt werden:

$$
\begin{matrix}
\text{Knoten 1:} \\
\text{Knoten 2:} \\
\text{Knoten 3:} \\
\text{Knoten 4:}
\end{matrix}
\begin{pmatrix} \dots \\ 0 \\ 0 \\ \dots \end{pmatrix} =
\begin{pmatrix}
\dots & \dots & \dots & \dots \\
-G_3 & G_1 + G_3 + G_4 & -G_4 & 0 \\
0 & -G_4 & G_2 + G_4 + G_5 & -G_5 \\
\dots & \dots & & \dots
\end{pmatrix}
$$

$$
\cdot
\begin{pmatrix} u_1 = u_{Q1} \\ u_2 \\ u_3 \\ u_4 = -u_{Q2} \end{pmatrix}
$$

Im Gleichungssystem oben müsste eigentlich $i_1 = i_{Q1}$ und $i_4 = -i_{Q2}$ eingefügt werden, aber i_{Q1} und i_{Q2} sind unbekannt. D. h. mit den Gleichungen für Knoten 1 und Knoten 4 können wir nichts anfangen. Aus diesem Grund haben wir auch auf die Spezifizierung der Elemente $a_{11}, \dots, a_{14}, a_{41} \dots, a_{44}$ verzichtet.

Das ist aber nicht tragisch, wir kennen ja die Knotenspannungen $u_1 = u_{Q1}$ und $u_4 = -u_{Q2}$ bereits, d. h. wir brauchen ja nur zwei Gleichungen mit zwei Unbekannten, und die haben wir ja bereits über die Gleichungen für Knoten 2 und Knoten 3 gewonnen. Wir müssen nur noch das obige Gleichungssystem in die übliche Form bringen. Das geschieht dadurch, dass wir die Ausdrücke $a_{21} u_1 = -G_3 u_{Q1}$, $a_{24} u_4 = 0$, $a_{31} u_1 = 0$ und $a_{34} u_4 = G_5 u_{Q2}$ auf die linke Gleichungsseite transferieren. Dann erhalten wir wieder ein „vernünftiges" System:

$$
\begin{matrix}
\text{Knoten 2:} \\
\text{Knoten 3:}
\end{matrix}
\begin{pmatrix} G_3 u_{Q1} \\ -G_5 u_{Q2} \end{pmatrix} =
\begin{pmatrix}
G_1 + G_3 + G_4 & -G_4 \\
-G_4 & G_2 + G_4 + G_5
\end{pmatrix}
\cdot
\begin{pmatrix} u_2 \\ u_3 \end{pmatrix}
$$

Aus diesem Gleichungssystem können nun mit Hilfe des Gauß-Algorithmus die unbekannten Knotenspannungen u_2 und u_3 ermittelt werden.

Man erkennt also: Wenn ideale Spannungsquellen in der Schaltung vorkommen und diese Spannungsquellen jeweils mit einem Pol am Bezugsknoten hängen, kann man sich das Leben von vorne herein vereinfachen: Man muss beim Aufstellen des Gleichungssystems nur die Knoten berücksichtigen, an denen diese idealen Spannungsquellen nicht angebunden sind. Darüber hinaus muss man anschließend einige Terme auf die linke Gleichungsseite verschieben, dann gelangt man wieder zu einem normalisierten Gleichungssystem, das die Berechnung der unbekannten Knotenspannungen mittels des Gauß-Algorithmus ermöglicht. Diese Verfahrensweise kann recht einfach in einen computertauglichen Algorithmus umgesetzt werden. ◄

Behandlung gesteuerter Quellen
Komplexere Schaltungen enthalten oftmals aktive Bauelemente (Transistoren, Operationsverstärker usw.). Vor der Analyse solcher Schaltungen werden die aktiven Bauelemente zunächst durch Modelle ersetzt. Näheres dazu ist Kap. 9 zu entnehmen. An dieser Stelle soll nur erwähnt werden, dass in solchen Modellen spannungs- oder stromgesteuerte Quellen eine große Rolle spielen, um die Verstärkereigenschaften nachzubilden. Beim Knotenpotenzial-Verfahren werden Modelle mit gesteuerten Stromquellen verwendet. Deshalb ist die Frage erlaubt, wie derartige Quellen im Rahmen des Knotenpotenzial-Verfahrens behandelt werden können. An Hand eines Beispiels soll gezeigt werden, dass auch dieses Problem sehr leicht gelöst werden kann. Im Beispiel wird eine spannungsgesteuerte Stromquelle behandelt. In analoger Form könnte man auch mit stromgesteuerten Stromquellen verfahren.

Beispiel

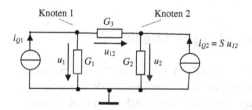

Gegeben:
Leitwerte G_1, .., G_3, Quellenstrom i_{Q1}
Faktor S, der den Zusammenhang zwischen dem Quellenstrom i_{Q2} und der Spannung u_{12} beschreibt: $i_{Q2} = S\,u_{12}$

Gesucht:
Das Gleichungssystem für die Knotenspannungen u_1, , u_2

Die Schaltung enthält zwei Knoten. Das Gleichungssystem hat also folgende Form:

$$\text{Knoten 1:} \begin{pmatrix} i_1 \\ i_2 \end{pmatrix} = \begin{pmatrix} a_{11} & a_{12} \\ a_{21} & a_{22} \end{pmatrix} \cdot \begin{pmatrix} u_1 \\ u_2 \end{pmatrix}$$
$$\text{Knoten 2:}$$

Mit Hilfe der Bildungsgesetze Gl. (2.3) wollen wir nun wieder in gewohnter Weise das Gleichungssystem für die Knotenspannungen aufstellen:

$$\text{Knoten 1:} \begin{pmatrix} i_{Q1} \\ i_{Q2} \end{pmatrix} = \begin{pmatrix} G_1 + G_3 & -G_3 \\ -G_3 & G_2 + G_3 \end{pmatrix} \cdot \begin{pmatrix} u_1 \\ u_2 \end{pmatrix}$$
$$\text{Knoten 2:}$$

Für i_{Q2} wird nun der vorgegebene Zusammenhang $i_{Q2} = S\, u_{12}$ bzw. $i_{Q2} = S\,(u_1 - u_2)$ bzw. $i_{Q2} = S\,u_1 - S\,u_2$ eingesetzt, man erhält:

$$\text{Knoten 1:} \begin{pmatrix} i_{Q1} \\ S\,u_1 - S\,u_2 \end{pmatrix} = \begin{pmatrix} G_1 + G_3 & -G_3 \\ -G_3 & G_2 + G_3 \end{pmatrix} \cdot \begin{pmatrix} u_1 \\ u_2 \end{pmatrix}$$
$$\text{Knoten 2:}$$

Wenn man nun den Ausdruck $S u_1 - S u_2$ von der linken Spalte der Lösungsmatrix auf die rechte Seite der Gleichung verschiebt und die Gleichung noch etwas ordnet, erhält man das folgende System:

$$\text{Knoten 1:} \begin{pmatrix} i_{Q1} \\ 0 \end{pmatrix} = \begin{pmatrix} G_1 + G_3 & -G_3 \\ -(G_3 + S) & G_2 + G_3 + S \end{pmatrix} \cdot \begin{pmatrix} u_1 \\ u_2 \end{pmatrix}$$
$$\text{Knoten 2:}$$

Dieses Gleichungssystem hat wieder die gewohnte Form und kann mit Hilfe des Gauß-Algorithmus wie üblich gelöst werden. Die gesteuerte Stromquelle macht sich nur durch eine Veränderung der Koeffizienten a_{21} und a_{22} bemerkbar. Der Leser kann sich sicherlich vorstellen, dass auch diese Verfahrensweise wieder recht einfach in einen computertauglichen Algorithmus umgesetzt werden kann. ◄

2.4   Zusammenfassung und Ergänzungen

In Kap. 2 wird das Knotenpotenzial-Verfahren relativ ausführlich behandelt. Dieses Analyseverfahren für Schaltungen, die ausschließlich Widerstände und Quellen beinhalten, ist sehr leistungsfähig und wird deshalb auch in Simulationsprogrammen verwendet. Neben dem Knotenpotenzial-Verfahren gibt es noch weitere Methoden, um Schaltungen effizient zu analysieren, z. B. das Maschenstrom-Verfahren. Dieses Verfahren ist auch „computergerecht", also leicht programmierbar. Genauere Untersuchungen zeigen jedoch, dass das Maschen-strom-Verfahren dem Knotenpotenzial-Verfahren hinsichtlich des Rechen-aufwandes unterlegen ist, deshalb wird es in diesem Kompendium auch nicht behandelt.

Lineare Schaltungen (Widerstände, Spulen, Kondensatoren), gleichfrequente sinusförmige Erregungen, stationäre Zustände, komplexe Rechnung

3

3.1 Einführung

In Kap. 3 werden erstmals lineare Schaltungen in Betracht gezogen, die neben Widerständen auch Spulen und Kondensatoren enthalten dürfen. Als erregende Größen werden sinusförmige Spannungen und/oder sinusförmige Ströme mit gleichen Frequenzen zugelassen. Die Analyse soll sich auf den stationären Zustand beschränken. Derartige Schaltungen können unter Beachtung der aufgelisteten Beschränkungen relativ leicht mit Hilfe der komplexen Rechnung analysiert werden. Die komplexe Rechnung und deren Einsatz in der Elektrotechnik *(Wechselstromtechnik)* wird hier als bekannt vorausgesetzt. Der Intention dieses Kompendiums entsprechend soll dieses Verfahren aber hier noch einmal in einer verkürzten und etwas unüblichen Form wiederholt werden, in der Hoffnung, dass der Leser damit zu einem tieferen Verständnis gelangt.

Hier muss noch angemerkt werden, dass die Wechselstromtechnik, trotz der vielen Einschränkungen hinsichtlich ihrer Anwendung, sehr wichtig ist. Dafür sind die folgenden Gründe maßgebend:

- Einfach aufgebaute Generatoren liefern (nahezu) sinusförmige Spannungen und Ströme, die wiederum leicht transformiert werden können. Das hat große Vorteile für die Energieübertragung. Deshalb ist unsere Netzspannung auch sinusförmig.
- Die am Netz angeschlossenen Schaltungen können in vielen Fällen als linear angesehen werden und meistens interessiert nur der stationäre Zustand. Ein- und Ausschaltvorgänge spielen oftmals keine entscheidende Rolle.

© Springer Fachmedien Wiesbaden GmbH, ein Teil von Springer Nature 2023
A. Gräßer, *Analyse linearer und nichtlinearer elektrischer Schaltungen*,
https://doi.org/10.1007/978-3-658-41009-4_3

• Die Verfahren zur Berechnung linearer Wechselstromschaltungen können erweitert werden. In Verbindung mit der Fourier-Analyse, dem Superpositionsgesetz und anderer „Rechentricks" ergeben sich ganz neue Möglichkeiten zur Schaltungsanalyse. In den Kap. 4, 5 und 6 wird diese Thematik aufgegriffen.

3.2   Sinusförmige Größen, komplexe Rechnung

In Kap. 3 sind als erregende Größen ausschließlich gleichfrequente sinus- bzw. kosinusförmige Spannungen und Ströme zugelassen und es wurde bereits erwähnt, dass in der Wechselstromtechnik die komplexe Rechnung eine große Rolle spielt. Deshalb zunächst einige Infos zu den sinusförmigen Größen und zur komplexen Rechnung.

Sinusförmige Größen
In Abb. 3.1 wird die Sinus- und Kosinusfunktion noch einmal dargestellt und erläutert. Es soll noch erwähnt werden, dass in diesem Bild die Abszissenachsen der dargestellten Koordinatensysteme mit ωt (und nicht mit t) skaliert sind. Das wird in der Wechselstromtechnik vielfach praktiziert, da man sich ja häufig für Phasenwinkel und nicht für Zeiten interessiert.

Es soll ebenfalls noch angemerkt werden, dass man über Experimente oder mathematisch mit Hilfe der Gl. 1.1 bis 1.5 nachweisen kann, dass der *Satz von der Erhaltung der Sinusform* gilt:

In beliebigen linearen Schaltungen mit Widerständen, Spulen und Kondensatoren, die mit sinusförmigen Größen der Frequenz f erregt werden, weisen alle Spannungen und Ströme im stationären Zustand sinusförmige Verläufe mit der Frequenz f auf. Im Rahmen der Analyse derartiger Schaltungen müssen deshalb nur Amplituden und Phasen (und nicht die Zeitverläufe und Frequenzen) von interessierenden Größen ermittelt werden!

Komplexe Rechnung
Der Autor geht davon aus, dass der Leser dieses Kompendiums mit der komplexen Rechnung vertraut ist. Deshalb sollen hier nur zwei Zusammenhänge wiederholt werden, die für den Abschn. 3.4 von Bedeutung sind.

Zunächst soll erwähnt werden, dass Sinus- und Kosinusfunktionen über die Eulerschen Formeln auch mittels komplexer Größen ausgedrückt werden können. Die Eulerschen Formeln lauten:

$$\hat{u}\,e^{j(\omega t + \phi)} = \hat{u}\cos(\omega t + \phi) + j\hat{u}\sin(\omega t + \phi)$$

$$\hat{u}\,e^{-j(\omega t + \phi)} = \hat{u}\cos(\omega t + \phi) - j\hat{u}\sin(\omega t + \phi)$$

Sinusfunktion
$u(\omega t) = \hat{u} \sin(\omega t + \varphi)$ bzw.
$i(\omega t) = \hat{\imath} \sin(\omega t + \varphi)$

Kosinusfunktion
$u(\omega t) = \hat{u} \cos(\omega t + \varphi)$ bzw.
$i(\omega t) = \hat{\imath} \cos(\omega t + \varphi)$

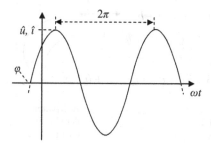
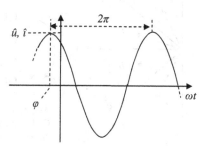

$\hat{u}, \hat{\imath}$ = Amplituden
ω = Kreisfrequenz, $\omega = 2\pi f = 2\pi / T$ (f = Frequenz, T = Periodendauer)
φ = Phasenwinkel oder Phase = Winkel zwischen dem Startpunkt der Sinus- bzw.
Kosinusfunktion und dem Ursprung des Koordinatensystems

$\varphi > 0$: Sinus bzw. Kosinus ist nach links verschoben, zu früher Startpunkt, voreilender Sinus bzw. Kosinus (vgl. Diagramme oben)
$\varphi < 0$: Sinus bzw. Kosinus ist nach rechts verschoben, zu später Startpunkt, nacheilender Sinus bzw. Kosinus

Abb. 3.1 Sinus- und Kosinusfunktion

Wenn man diese beiden Gleichungen addiert und einige kleinere Umformungen vornimmt, erhält man den folgenden Ausdruck für eine Kosinusfunktion:

$$\hat{u} \cos(\omega t + \phi) = \frac{\hat{u}}{2}(e^{j(\omega t + \phi)} + e^{-j(\omega t + \phi)}) \tag{3.1}$$

Über eine Subtraktion der beiden Eulerschen Gleichungen kann man zu einem entsprechenden Ausdruck für die Sinusfunktion gelangen.

Nun eine zweite Bemerkung zur komplexen Rechnung. Sie bezieht sich auf Gleichungen, die aus Paaren komplexer Größen bestehen, bei denen die Paare aus jeweils einer komplexen Größe und der dazu konjugiert komplexen Größe gebildet werden. Derartige Gleichungen sind insgesamt nicht komplex, da die einzelnen Paare ja immer reelle Größen bilden (vgl. auch Gl. (3.1)). Gleichungen dieser Art kann man immer in zwei komplexe Gleichungen aufspalten. Letzteres soll durch Abb. 3.2 verdeutlicht werden (dort wird gezeigt, wie man Gl. 3 in die Gl. 1 und 2 aufspalten kann).

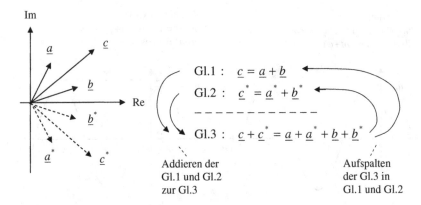

Abb. 3.2   Rechnen mit konjugiert komplexen Größen

3.3   Analyse im Zeitbereich

Zunächst soll an Hand eines Beispiels dargestellt werden, wie man eine Wechsel-stromanalyse ohne Anwendung der komplexen Rechnung durchführen könnte. Die Lösung wird allerdings nur grob angedeutet. Das Beispiel soll zeigen, dass eine klassische Analyse immer auf die Lösung einer Differentialgleichung führt und deshalb mit viel Aufwand verbunden ist. Diese Lösungsmethode wird auch als *Analyse im Zeitbereich* bezeichnet, sie wird dadurch von der Ana-lyse mit Hilfe der komplexen Rechnung, der *Analyse im komplexen Bereich,* abgegrenzt.

Beispiel LR-Glied

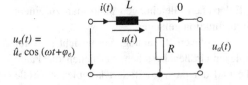

$u_e(t) =$
$\hat{u}_e \cos{(\omega t + \varphi_e)}$

Gegeben:
Die kosinusförmige Eingangsspannung mit $\hat{u}_e$, ω, φ_e und die Bauelemente L, R

Gesucht:
Die sich im stationären Zustand einstellende Ausgangsspannung $u_a(t)$

Lösung:
Wegen Gültigkeit der Maschenregel Gl. (1.5) und der Bauelementegleichung Gl. (1.2) erhält man:

$$u_e(t) = u_a(t) + u(t) \quad \text{bzw.} \quad u_e(t) = u_a(t) + L\frac{di(t)}{dt}$$

Mit $\quad i(t) = \dfrac{u_a(t)}{R} \quad$ folgt: $\hspace{4cm}$ (3.2)

$$u_e(t) = u_a(t) + \frac{L}{R}\frac{du_a(t)}{dt}$$

Die Gl. (3.2) ist die *systembeschreibende Differentialgleichung (DGL)* des *LR-Gliedes.*

Da für unsere Eingangsgröße $u_e(t) = \widehat{u}_e \cos(\omega t + \phi_e)$ gilt, müssen im stationären Zustand alle Spannungen und Ströme in der Schaltung ebenfalls kosinusförmige Verläufe annehmen, allerdings mit unterschiedlichen Amplituden und Phasen (vgl. Satz von der Erhaltung der Sinusform, Abschn. 3.2) Für die Ausgangsspannung muss also gelten: $u_a(t) = \widehat{u}_a \cos(\omega t + \phi_a)$. D. h. unsere Aufgabe reduziert sich auf die Bestimmung der Amplitude $\widehat{u}_a$ und der Phase ϕ_a.

Wenn man nun in Gl. (3.2) $\quad u_e(t) = \widehat{u}_e \cos(\omega t + \phi_e) \quad$ und $u_a(t) = \widehat{u}_a \cos(\omega t + \phi_a)$ einsetzt, erhält man:

$$\widehat{u}_e \cos(\omega t + \phi_e) = \widehat{u}_a \cos(\omega t + \phi_a) - \frac{L}{R}\omega\,\widehat{u}_a \sin(\omega t + \phi_a)$$

Mit Hilfe von Additionstheoremen kann man die links und rechts vom Gleichheitszeichen in obiger Gleichung stehenden Terme in die folgende Form überführen:

$$\widehat{u}_e \cos\phi_e \cos\omega t - \widehat{u}_e \sin\phi_e \sin\omega t =$$

$$\widehat{u}_a \cos\phi_a \cos\omega t - \widehat{u}_a \sin\phi_a \sin\omega t - \frac{L}{R}\omega\,\widehat{u}_a \cos\phi_a \sin\omega t - \frac{L}{R}\omega\,\widehat{u}_a \sin\phi_a \cos\omega t$$

Diese Gleichung kann etwas geordnet werden:

$$(\widehat{u}_e \cos\phi_e)\cos\omega t - (\widehat{u}_e \sin\phi_e)\sin\omega t =$$

$$\left(\widehat{u}_a \cos\phi_a - \frac{L}{R}\omega\,\widehat{u}_a \sin\phi_a\right)\cos\omega t - \left(\widehat{u}_a \sin\phi_a + \frac{L}{R}\omega\,\widehat{u}_a \cos\phi_a\right)\sin\omega t$$

Über einen Koeffizientenvergleich können aus obiger Gleichung zwei neue Gleichungen gewonnen werden (die jeweiligen Klammerausdrücke vor $\cos\omega t$ und $\sin\omega t$ müssen identisch sein!):

$$\widehat{u}_e \cos\phi_e = \widehat{u}_a \cos\phi_a - \frac{L}{R}\omega\,\widehat{u}_a \sin\phi_a$$

$$\widehat{u}_e \sin\phi_e = \widehat{u}_a \sin\phi_a + \frac{L}{R}\omega\,\widehat{u}_a \cos\phi_a$$

Damit erhalten wir zwei Gleichungen mit den zwei unbekannten Größen $\hat{u}_a$ und φ_a. Diese Größen können unter Zuhilfenahme von Additionstheoremen und von diversen trigonometrischen Formeln mühsam berechnet werden, man erhält schließlich:

$$\hat{u}_a = \frac{\hat{u}_e}{\sqrt{1 + \left(\frac{\omega L}{R}\right)^2}}$$

$$\phi_a = \phi_e - \arctan\frac{\omega L}{R}$$

Die Differenz $\phi_a - \phi_e$ wird als *Phasenverschiebung* zwischen $u_e(t)$ und $u_a(t)$ bezeichnet. In unserem Beispiel ergibt sich $\phi_a - \phi_e = -\arctan(\omega L/R)$.

Wir haben nun $\hat{u}_a$ und φ_a berechnet. Damit ist die Ausgangsspannung vollständig bestimmt, sie muss ja aufgrund der vereinbarten Voraussetzungen genau wie die Eingangsspannung kosinusförmig verlaufen und sie muss die Amplitude $\hat{u}_a$ und die Phase ϕ_a aufweisen. Wir können also schreiben:

$$u_a(t) = \frac{\hat{u}_e}{\sqrt{1 + \left(\frac{\omega L}{R}\right)^2}} \cos\left(\phi_e - \arctan\frac{\omega L}{R}\right)$$

Wenn man im Beispiel oben als erregende Größe statt $u_e(t) = \hat{u}_e \cos(\omega t + \phi_e)$ die Sinusfunktion $u_e(t) = \hat{u}_e \sin(\omega t + \phi_e)$ gewählt hätte, müsste die Ausgangsspannung einen sinusförmigen Verlauf mit der Amplitude $\hat{u}_a$ und der Phase ϕ_a aufweisen. Die Ausgangsspannung hätte dann also folgenden Verlauf:

$$u_a(t) = \frac{\hat{u}_e}{\sqrt{1 + \left(\frac{\omega L}{R}\right)^2}} \sin\left(\phi_e - \arctan\frac{\omega L}{R}\right)$$

Der Leser, der versucht hat, den oben angedeuteten Lösungsweg nachzuvollziehen, wird sicherlich mit dem Autor übereinstimmen: Die Analyse im Zeitbereich ist mit einem unzumutbar großem Rechenaufwand verbunden. Man muss also nach besseren Lösungsmöglichkeiten Ausschau halten. Ein entsprechender Ansatz wird im nächsten Abschnitt vorgestellt. ◄

3.4   Anwendung der komplexen Rechnung

Wir wollen wieder die Beispielsschaltung aus Abschn. 3.3 (*LR*-Glied) aufgreifen. Im vorangegangenen Abschnitt wurde die systembeschreibende DGL (3.2) abgeleitet, sie lautete:

$$u_e(t) = u_a(t) + \frac{L}{R}\frac{du_a(t)}{dt}$$

Für $u_e(t)$ und $u_a(t)$ wollen wir nun die Kosinusfunktion in der Form gemäß Gl. (3.1) benützen:

$$u_e(t) = \widehat{u}_e \cos(\omega t + \phi_e) = \frac{\widehat{u}_e}{2}(e^{j(\omega t + \phi_e)} + e^{-j(\omega t + \phi_e)}) \tag{3.3}$$

$$u_a(t) = \widehat{u}_a \cos(\omega t + \phi_a) = \frac{\widehat{u}_a}{2}(e^{j(\omega t + \phi_a)} + e^{-j(\omega t + \phi_a)}) \tag{3.4}$$

In der systembeschreibenden DGL werden jetzt die Größen $u_e(t)$ und $u_a(t)$ durch die rechten Terme der Gl. (3.4) und (3.5) ersetzt. Damit erhält man:

$$\frac{\widehat{u}_e}{2}(e^{j(\omega t + \phi_e)} + e^{-j(\omega t + \phi_e)}) = \frac{\widehat{u}_a}{2}(e^{j(\omega t + \phi_a)} + e^{-j(\omega t + \phi_a)}) + \frac{\widehat{u}_a}{2}\frac{L}{R}\frac{d(e^{j(\omega t + \phi_a)} + e^{-j(\omega t + \phi_a)})}{dt}$$

Nun kann die Differentiation nach der Zeit durchgeführt werden, man erhält:

$$\frac{\widehat{u}_e}{2}(e^{j(\omega t + \phi_e)} + e^{-j(\omega t + \phi_e)}) = \frac{\widehat{u}_a}{2}(e^{j(\omega t + \phi_a)} + e^{-j(\omega t + \phi_a)}) + \frac{\widehat{u}_a}{2}\frac{L}{R}(j\omega e^{j(\omega t + \phi_a)} - j\omega e^{-j(\omega t + \phi_a)})$$

Die Differentiation nach der Zeit geht hier offensichtlich in eine einfache Multiplikation mit $+j\omega$ bzw. $-j\omega$ über.

Die obige Gleichung kann mit 2 multipliziert werden, man kann $t=0$ setzen und man kann ω vor die rechte Klammer „ziehen". Dadurch erhält man die nächste Gleichung:

$$\widehat{u}_e(e^{j\phi_e} + e^{-j\phi_e}) = \widehat{u}_a(e^{j\phi_a} + e^{-j\phi_a}) + \widehat{u}_a\frac{\omega L}{R}(j\,e^{j\phi_a} - je^{-j\phi_a}) \tag{3.5}$$

Das Verschwinden der Zeit in der Gl. (3.5) ist kein schwerwiegender Informationsverlust. Gemäß der getroffenen Voraussetzungen gilt ja der Satz von der Erhaltung der Sinusform (vgl. Abschn. 3.2). Wir benötigen zur Spezifizierung der Ausgangsgröße also nur $\widehat{u}_a$ und ϕ_a.

Gl. (3.5) besteht aus Paaren von komplexen Größen und den dazu konjugiert komplexen Größen. Man erkennt diesen Sachverhalt, wenn man $j = e^{j(\pi/2)}$ und $-j = e^{-j(\pi/2)}$ setzt und die multiplikativ verknüpften Exponentialfunktionen zusammenfasst.

Gemäß Abb. 3.2 kann die Gleichung deshalb in zwei Gleichungen aufgespalten werden:

$$\widehat{u}_e e^{j\phi_e} = \widehat{u}_a e^{j\phi_a} + \widehat{u}_a\frac{j\omega L}{R}e^{j\phi_a} \tag{3.6}$$

$$\hat{u}_e e^{-j\phi_e} = \hat{u}_a e^{-j\phi_a} - \hat{u}_a \frac{j\omega L}{R} e^{-j\phi_a} \tag{3.7}$$

Wir wollen nur die Gl. (3.6) weiter verfolgen. Gl. (3.7) benötigen wir nicht mehr. Gl. (3.6) wird zunächst nach $\hat{u}_a e^{j\phi_a}$ aufgelöst, man erhält:

$$\hat{u}_a e^{j\phi_a} = \frac{\hat{u}_e e^{j\phi_e}}{1 + \frac{j\omega L}{R}}$$

Die komplexe Größe im Nenner der rechten Seite obiger Gleichung wird nun in die Exponentialform gewandelt:

$$\hat{u}_a e^{j\phi_a} = \frac{\hat{u}_e e^{j\phi_e}}{\sqrt{1 + \left(\frac{\omega L}{R}\right)^2} e^{j \arctan \frac{\omega L}{R}}}$$

Nach einigen weiteren Umformungen ergibt sich:

$$\hat{u}_a e^{j\phi_a} = \frac{\hat{u}_e}{\sqrt{1 + \left(\frac{\omega L}{R}\right)^2}} e^{j(\phi_e - \arctan \frac{\omega L}{R})}$$

Aus der letzten Gleichung können über einen Koeffizientenvergleich $\hat{u}_a$ und ϕ_a ermittelt werden (die vor den Exponentialfunktionen stehenden Größen sowie die im Argument der Exponentialfunktionen hinter dem j stehenden Größen müssen identisch sein, damit die Gleichung „aufgeht"). Man kann also „ablesen":

$$\hat{u}_a = \frac{\hat{u}_e}{\sqrt{1 + \left(\frac{\omega L}{R}\right)^2}}, \phi_a = \phi_e - \arctan \frac{\omega L}{R}$$

bzw.

$$u_a(t) = \frac{\hat{u}_e}{\sqrt{1 + \left(\frac{\omega L}{R}\right)^2}} \cos(\phi_e - \arctan \frac{\omega L}{R})$$

Der Aufwand, um zur Lösung zu gelangen, erscheint zunächst wieder hoch. Aber man kann den Rechenweg stark vereinfachen!

Wenn man nämlich in der systembeschreibenden DGL (3.2) $u_e(t)$ und $u_a(t)$ sofort durch die komplexen Größen $\underline{u}_e = \hat{u}_e e^{j\phi_e}$ und $\underline{u}_a = \hat{u}_a e^{j\phi_a}$ ersetzt und statt des Operators d/dt gleich die komplexe Größe $j\omega$ einträgt, kommt man sofort, ohne Umweg, zu der Gl. (3.6). Der Leser sollte es ausprobieren! Wie kommt das?

In der ursprünglichen Rechnung wurden für $u_e(t)$ und $u_a(t)$ die auf der rechten Seite der Gl. (3.3) und (3.4) stehenden Terme eingesetzt. Im Verlauf der Rechnung wurde dann aber der Faktor 1/2 „herausmultipliziert", es wurde $t = 0$ bzw. $\omega t = 0$ gesetzt und nur die komplexe Gl. (3.6) wurde weiterverfolgt, Gl. (3.7) wurde nicht mehr berücksichtigt (damit verschwanden alle konjugiert komplexen Terme). Beim vereinfachten Ansatz werden diese Operationen sozusagen vorgezogen. Letzteres gilt auch für die Ableitung der Ausgangsgröße nach der Zeit. In der ursprünglichen Rechnung wurde diese Ableitung explizit durchgeführt. Wegen des Ersatzes der Kosinusfunktion durch Exponentialfunktionen und wegen der „Nichtberücksichtigung" der konjugiert komplexen Terme kann diese Ableitung als eine Multiplikation mit $j\omega$ interpretiert werden. Beim vereinfachten Ansatz verschwindet die Zeitabhängigkeit schon am Anfang des Rechenweges, aber die Differentiation muss trotzdem berücksichtigt werden. Das kann dadurch geschehen, dass man d/dt in der Gl. (3.2) einfach durch $j\omega$ ersetzt.

Durch diese vorgezogenen Operationen vereinfacht sich der Rechenweg offensichtlich beträchtlich!

3.5 Vereinfachte Vorgehensweise, Lösungspläne

Im vorigen Abschnitt wurde ein Weg zur Vereinfachung der Analyse von Wechselstromschaltungen aufgezeigt. Dieser Weg wird jetzt noch einmal in einer schematisierten und verallgemeinerten Form dargestellt (Lösungsplan 1). Anschließend wird eine Variante dieses Lösungsplans aufgezeigt und ebenfalls wieder in einer schematisierten Form abgebildet (Lösungsplan 2). Bevor die Lösungspläne erläutert werden, soll aber unsere Problemstellung noch einmal präzisiert werden, vgl. Abb. 3.3.

Lösungsplan 1
Der Lösungsplan ist in Abb. 3.4 dargestellt und sollte nach der Lektüre des vorangegangenen Abschnittes verständlich sein. Einige ergänzende Bemerkungen zum Plan sind aber sicherlich hilfreich.

Gemäß Plan muss zunächst die systembeschreibende DGL der in Betracht gezogenen Schaltung aufgestellt werden. Die systembeschreibende DGL für ein lineares Übertragungsglied hat die folgende Form:

$$a_1 u_e(t) + a_2 \frac{du_e(t)}{dt} + a_3 \frac{d^2 u_e(t)}{dt^2} + \cdots = b_1 u_a(t) + b_2 \frac{du_a(t)}{dt} + b_3 \frac{d^2 u_a(t)}{dt^2} + \cdots$$

$$(3.8)$$

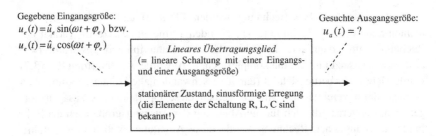

Gegebene Eingangsgröße:
$u_e(t) = \hat{u}_e \sin(\omega t + \varphi_e)$ bzw.

$u_e(t) = \hat{u}_e \cos(\omega t + \varphi_e)$

Gesuchte Ausgangsgröße:
$u_a(t) = ?$

Lineares Übertragungsglied
(= lineare Schaltung mit einer Eingangs-
und einer Ausgangsgröße)

stationärer Zustand, sinusförmige Erregung
(die Elemente der Schaltung R, L, C sind
bekannt!)

Wegen der in der „Box" oben aufgelisteten Voraussetzungen ist die gesuchte Ausgangsgröße sinus-bzw. kosinusförmig, die Analyse kann sich deshalb auf die Ermittlung der Amplitude und der Phase der Ausgangsgröße beschränken!

Abb. 3.3 Problemstellung, Analyse von Wechselstromschaltungen

$u_e(t)$ ist die Eingangsgröße, $u_a(t)$ die Ausgangsgrößen der Schaltung. Die Koeffizienten $a_1, a_2, a_3 \ldots, b_1, b_2, b_3 \ldots$ hängen von der Struktur der Schaltung ab.

Je nach Schaltung kann die DGL von erster oder höherer Ordnung sein.

Anschließend wird die DGL aus dem Zeitbereich in den komplexen Bereich *transformiert*.

Aus dem Beispiel in Abschn. 3.4, mit dessen Hilfe die komplexe Rechnung abgeleitet worden ist, ergibt sich die Transformationsvorschrift: Summen bzw. Differenzen bleiben erhalten, die Größen $u_e(t)$, $u_a(t)$ sowie der Operator d/dt müssen durch $\underline{u}_e = \hat{u}_e e^{j\phi_e}$, $\underline{u}_a = \hat{u}_a e^{j\phi_a}$ und $j\omega$ ersetzt werden. Falls die systembeschreibende DGL von höherer Ordnung ist, müssen wegen der besonderen „Ableitungseigenschaften" der Exponentialfunktionen $(d^n/dt^n (e^{j\omega t}) = (j\omega)^n e^{j\omega t}$, $n = 1, 2, \ldots)$ auch noch die Operatoren d^2/dt^2, $d^3/dt^3 \ldots$ durch $(j\omega)^2$, $(j\omega)^3 \ldots$ ersetzt werden.

Im komplexen Bereich „mutiert" die DGL zu einer einfachen algebraischen Gleichung. Der Zusammenhang zwischen $\underline{u}_a$ und $\underline{u}_e$ kann nun leicht ermittelt werden, er hat die Form $\underline{u}_a = G(j\omega)\underline{u}_e$.

Dabei ist $G(j\omega)$ ein komplexer Proportionalitätsfaktor. Die Bestimmung von $\underline{u}_a$ ist also offensichtlich gleichbedeutend mit der Bestimmung von $G(j\omega)$.

Der Faktor $G(j\omega)$ wird auch als *komplexer Frequenzgang* bezeichnet. Dieser Faktor ist von großer Bedeutung, in ihm ist die Struktur der in Betracht gezogenen Schaltung (sozusagen in codierter Form) enthalten. Näheres dazu in Kap. 4.

Die im komplexen Bereich ermittelte Ausgangsgröße $\underline{u}_a$ muss nach Betrag $\hat{u}_a$ und Phase ϕ_a aufgelöst werden. Dann kann man kann die Ausgangsgröße im

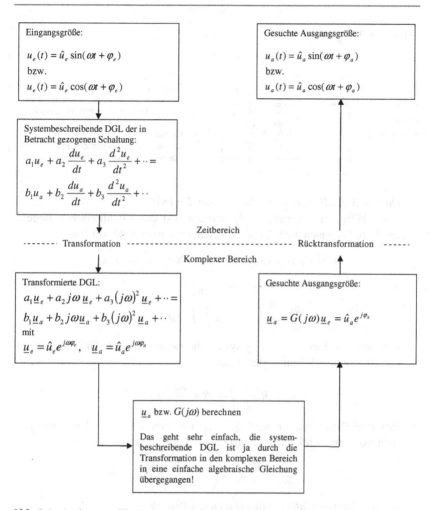

Abb. 3.4 Analyse von Wechselstromschaltungen, Lösungsplan 1

Zeitbereich sofort angegeben. Man spricht in diesem Zusammenhang von einer *Rücktransformation* aus dem komplexen Bereich in den Zeitbereich.

Der Lösungsplan soll nun noch durch ein Beispiel verdeutlicht werden.

Beispiel R_1LR_2-Glied

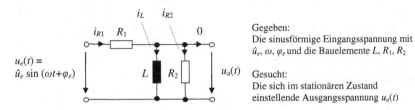

Gegeben:
Die sinusförmige Eingangsspannung mit
$\hat{u}_e$, ω, φ_e und die Bauelemente L, R_1, R_2

Gesucht:
Die sich im stationären Zustand
einstellende Ausgangsspannung $u_a(t)$

Lösung:
Schritt 1, Aufstellen der systembeschreibenden DGL
   Mit Hilfe der Bauelementegleichungen und der Kirchhoffschen Regeln
(vgl. Kap. 1) können die folgenden Gleichungen aufgestellt werden:

$$u_e = R_1 i_{R1} + u_a \quad \text{bzw.} \quad u_e = R_1(i_L + i_{R2}) + u_a$$

$$u_a = R_2 i_{R2} \quad \text{bzw.} \quad i_{R2} = \frac{u_a}{R_2}$$

$$u_a = L\frac{di_L}{dt} \quad \text{bzw.} \quad i_L = \frac{1}{L}\int u_a dt$$

Wenn man im obigen Gleichungssystem die zweite und dritte Gleichung in die
erste Gleichung „einbaut", erhält man:

$$u_e = R_1\left(\frac{1}{L}\int u_a dt + \frac{u_a}{R_2}\right) + u_a$$

Über eine Differentiation nach der Zeit und einige kleinere Umformungen
erhält man dann schließlich die systembeschreibende DGL:

$$\frac{du_e}{dt} = \frac{R_1}{L}u_a + \left(\frac{R_1 + R_2}{R_2}\right)\frac{du_a}{dt}$$

Schritt 2, Transformation in den komplexen Bereich

$$j\omega \, \underline{u}_e = \frac{R_1}{L}\underline{u}_a + \left(\frac{R_1 + R_2}{R_2}\right)j\omega \, \underline{u}_a$$

Schritt 3, Rechnen im komplexen Bereich
   Aus der obigen Gleichung kann $\underline{u}_a$ sofort berechnet werden, man erhält
nach einigen kleineren Umformungen:

$$\underline{u}_a = G(j\omega)\underline{u}_e = \frac{1}{\frac{R_1+R_2}{R_2} - j\frac{R_1}{\omega L}}\underline{u}_e \qquad (3.9)$$

Wenn man nun für $\underline{u}_a$, $\underline{u}_e$ die Ausdrücke $\hat{u}_a e^{j\phi_a}, \hat{u}_e e^{j\phi_e}$ einsetzt und die komplexe Größe im Nenner der letzten Gleichung noch in die Exponentialform überführt, ergibt sich der folgende Ausdruck:

$$\hat{u}_a e^{j\phi_a} = \frac{\hat{u}_e e^{j\phi_e}}{\sqrt{\left(\frac{R_1+R_2}{R_2}\right)^2 + \left(\frac{R_1}{\omega L}\right)^2} \; e^{-j \arctan \left(\frac{R_1 R_2}{\omega L (R_1+R_2)}\right)}} \quad \text{bzw.}$$

$$\hat{u}_a e^{j\phi_a} = \frac{\hat{u}_e}{\sqrt{\left(\frac{R_1+R_2}{R_2}\right)^2 + \left(\frac{R_1}{\omega L}\right)^2}} e^{j\left(\phi_e + \arctan \left(\frac{R_1 R_2}{\omega L (R_1+R_2)}\right)\right)}.$$

Mittels eines Koeffizientenvergleichs können nun Amplitude und Phase der gesuchten Ausgangsgröße sofort angegeben werden:

$$\hat{u}_a = \frac{\hat{u}_e}{\sqrt{\left(\frac{R_1+R_2}{R_2}\right)^2 + \left(\frac{R_1}{\omega L}\right)^2}}, \phi_a = \phi_e + \arctan \left(\frac{R_1 R_2}{\omega L (R_1 + R_2)}\right)$$

Schritt 4, Rücktransformation in den Zeitbereich
Gemäß Transformationsvorschrift (vgl. Lösungsplan) ergibt sich:

$$u_a(t) = \frac{\hat{u}_e}{\sqrt{\left(\frac{R_1+R_2}{R_2}\right)^2 + \left(\frac{R_1}{\omega L}\right)^2}} \sin \left(\phi_e + \arctan \left(\frac{R_1 R_2}{\omega L (R_1 + R_2)}\right)\right) \blacktriangleleft$$

Lösungsplan 2

Die Probleme beim Rechnen im Zeitbereich (vgl. Abschn. 3.3) sind auf die Bauelementegleichungen von Spule (Gl. 1.2) und Kondensator (Gl. 1.3) zurückzuführen. Diese Bauelemente werden durch „kleine" Differentialgleichungen beschrieben. Bei der Analyse einer Schaltung mit derartigen Bauelementen taucht deshalb immer eine DGL auf und die Lösung einer solchen Gleichung ist bekanntlich umständlich und schwierig. Deshalb macht der Umweg über den komplexen Bereich Sinn. Beim Lösungsplan 1 wurde die gesamte systembeschreibende DGL in den komplexen Bereich transformiert und dadurch wieder in eine leicht zu handhabende algebraische Gleichung umgewandelt.

Eine andere Möglichkeit (Lösungsplan 2) besteht darin, die Bauelementegleichungen für Widerstand, Spule und Kondensator von vornherein in den komplexen Bereich zu transformieren. Dadurch gehen die DGLs für Spule und Kondensator (wegen $d/dt \rightarrow j\omega$) in algebraische Gleichungen über und erhalten eine dem Ohmschen Gesetz ähnliche Form. Man kann dann im komplexen Bereich mit einem verallgemeinerten Ohmschen Gesetz rechnen. Selbstverständlich können im komplexen Bereich auch die Kirchhoffschen Gesetze angewendet werden, da ja bei der Transformation vom Zeit- in den komplexen Bereich Summen bzw. Differenzen erhalten bleiben. Somit können alle Methoden und Regeln der Gleichstromtechnik (z. B. Spannungsteilerformel, Knotenpotenzial-Verfahren) wie üblich angewendet werden. Der einzige Unterschied: Man muss immer mit komplexen Größen hantieren!

Zur Verdeutlichung dieses Weges sollen Abb. 3.5 (Korrespondenztabelle) und Abb. 3.6 (Lösungsplan 2) dienen.

In Abb. 3.5 sind Spannung und Strom, der Differentialoperator, die Bauelementegleichungen sowie die Kirchhoffschen Regeln im Zeitbereich und in transformierter Form im komplexen Bereich nebeneinander gestellt. Man bezeichnet eine solche Zusammenstellung als Korrespondenztabelle. Mit Hilfe von Abb. 3.5 soll auch das schon oben erwähnte verallgemeinerte Ohmsche Gesetz verdeutlicht werden.

In Abb. 3.6 ist der neue Lösungsweg bzw. Lösungsplan wieder in schematisierter Form dargestellt. Man erkennt, dass bei diesem Lösungsweg quasi die gesamte Schaltung transformiert wird, unter Einschluss aller Systemgrößen und Bauelemente.

Anschließend wird noch ein Beispiel angeführt, um möglichst alle Unklarheiten zu beseitigen.

Als Beispiel wollen wir nun noch einmal das R_1LR_2-Glied aufgreifen, das bereits zur Verdeutlichung von Lösungsplan 1 diente.

Beispiel R_1LR_2-Glied

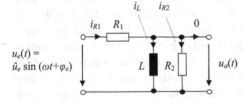

$u_e(t) =$
$\hat{u}_e \sin(\omega t + \varphi_e)$

Gegeben:
Die sinusförmige Eingangsspannung mit $\hat{u}_e$, ω, φ_e und die Bauelemente L, R_1, R_2

Gesucht:
Die sich im stationären Zustand einstellende Ausgangsspannung $u_a(t)$

Lösung:
Schritt 1, Transformieren der gesamten Schaltung in den komplexen Bereich
Die transformierte Schaltung unterscheidet sich von der ursprünglichen Schaltung dadurch, dass alle Bauelemente durch ihren komplexen Widerstand charakterisiert sind und dass alle Systemgrößen als komplexe Größen auftreten.

Zeitbereich	Komplexer Bereich
$u(t)$ $\quad \cdot$ $i(t)$	$\underline{u} = \hat{u}\,e^{j\omega\varphi}$ $\underline{i} = \hat{i}\,e^{j\omega\varphi}$
$d\,/\,dt$ $d^2\,/\,dt^2$ $d^3\,/\,dt^3$ $\vdots$	$j\omega$ $(j\omega)^2$ $(j\omega)^3$ $\vdots$
$u = R\,i$ $u = L\,di/dt$ $i = C\,du/dt$	$\underline{u} = (R)\,\underline{i}$ $\underline{u} = (j\omega L)\,\underline{i}$ $\underline{i} = (j\omega C)\,\underline{u}$ $\quad$ bzw. $\quad \underline{u} = (1/\,j\omega C)\,\underline{i}$ Verallgemeinertes Ohmsches Gesetz: $$\boxed{\underline{u} = \underline{Z}\,\underline{i}}$$ $\underline{Z}$ bzw. $\underline{Y} = 1/\underline{Z}$: Widerstand bzw. Leitwert im komplexen Bereich. $\underline{Z}_R = R$ bzw. $\underline{Z}_L = j\omega L$ bzw. $\underline{Z}_C = 1/\,j\omega C$: Ohmscher Widerstand bzw. Spule bzw. Kondensator im komplexen Bereich.
$\displaystyle\sum_{k=1}^{K} u_k(t) = 0$ $\displaystyle\sum_{k=1}^{K} i_k(t) = 0$	$\displaystyle\sum_{k=1}^{K} \underline{u}_k = 0$ $\displaystyle\sum_{k=1}^{K} \underline{i}_k = 0$

Abb. 3.5 Korrespondenztabelle Zeitbereich ↔ komplexer Bereich

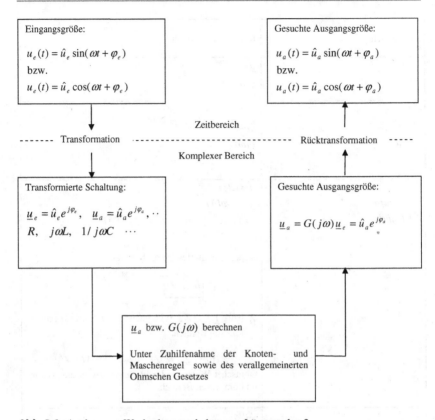

Abb. 3.6 Analyse von Wechselstromschaltungen, Lösungsplan 2

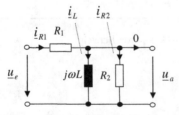

Schritt2, Rechnen im komplexen Bereich
Die transformierte Schaltung kann jetzt wie eine Gleichstromschaltung behandelt werden. Das bedeutet insbesondere, dass man auf alle Bauelemente

(also auch für den Energiespeicher Spule) das verallgemeinerte Ohmsche
Gesetz anwenden kann und dass keine DGL auftritt. Die Berechnung der
Ausgangsgröße kann nun sehr einfach vonstatten gehen. Man stellt zunächst
mit Hilfe der Kirchhoffschen Regeln und dem verallgemeinerten Ohmschen
Gesetz folgende Gleichungen auf:

$$\underline{u}_e = R_1(\underline{i}_L + \underline{i}_{R2}) + \underline{u}_a$$

$$\underline{u}_a = R_2\underline{i}_{R2} \quad \text{bzw.} \quad \underline{i}_{R2} = \frac{\underline{u}_a}{R_2}$$

$$\underline{u}_a = j\omega L\, \underline{i}_L \quad \text{bzw.} \quad \underline{i}_L = \frac{1}{j\omega L}\underline{u}_a$$

Wenn man im obigen Gleichungssystem die zweite und dritte Gleichung in die
erste Gleichung einsetzt, erhält man:

$$\underline{u}_e = R_1\left(\frac{1}{j\omega L}\underline{u}_a + \frac{\underline{u}_a}{R_2}\right) + \underline{u}_a$$

Aus dieser Gleichung gewinnt man sofort die nächsten Gleichungen:

$$\underline{u}_a = G(j\omega)\underline{u}_e = \frac{1}{\frac{R_1}{j\omega L} + \frac{R_1+R_2}{R_2}}\underline{u}_e = \frac{1}{\frac{R_1+R_2}{R_2} - j\frac{R_1}{\omega L}}\underline{u}_e$$

Die letzte Gleichung ist identisch mit Gl. (3.9), vgl. das Beispiel zum
Lösungsplan 1. Der weitere Lösungsweg kann dort nachgelesen werden.

   Da die transformierte Schaltung wie eine Gleichstromschaltung behandelt
werden kann, ist auch ein anderer Rechenweg möglich. Die Schaltung hat ja die
Form eines Spannungsteilers mit den komplexen Widerständen $\underline{Z}_{LR_2}$ und $\underline{Z}_{R_1}$:

$$\underline{Z}_{LR_2} = \frac{1}{\underline{Y}_L + \underline{Y}_{R_2}} = \frac{1}{\frac{1}{j\omega L} + \frac{1}{R_2}}, \quad \underline{Z}_{R_1} = R_1$$

Über die Spannungsteilerformel kann man dann sofort den Zusammenhang
zwischen $\underline{u}_a$ und $\underline{u}_e$ angeben, es gilt:

$$\underline{u}_a = \frac{\underline{Z}_{LR_2}}{\underline{Z}_{LR_2} + \underline{Z}_{R_1}}\underline{u}_e = \frac{\frac{1}{\frac{1}{j\omega L} + \frac{1}{R_2}}}{\frac{1}{\frac{1}{j\omega L} + \frac{1}{R_2}} + R_1}\underline{u}_e = \frac{1}{\frac{R_1}{j\omega L} + \frac{R_1}{R_2} + 1}\underline{u}_e$$

Mittels einer kleinen Umformung kommt man dann wieder auf eine
Gleichung, die identisch mit Gl. (3.8) ist:

$$\underline{u}_a = G(j\omega) = \frac{1}{\frac{R_1+R_2}{R_2} - j\frac{R_1}{\omega L}}\underline{u}_e$$

Die weitere „Rechnerei" kann den Ausführungen zu Lösungsplan 1 entnommen werden, hier nur das Ergebnis:

$$\widehat{u}_a = \frac{\widehat{u}_e}{\sqrt{\left(\frac{R_1+R_2}{R_2}\right)^2 + \left(\frac{R_1}{\omega L}\right)^2}}, \phi_a = \phi_e + \arctan\left(\frac{R_1 R_2}{\omega L(R_1 + R_2)}\right)$$

Schritt 3, Rücktransformation in den Zeitbereich

$$u_a(t) = \frac{\widehat{u}_e}{\sqrt{\left(\frac{R_1+R_2}{R_2}\right)^2 + \left(\frac{R_1}{\omega L}\right)^2}} \sin\left(\phi_e + \arctan\left(\frac{R_1 R_2}{\omega L(R_1 + R_2)}\right)\right)$$

Damit ist die Aufgabe gelöst! ◄

3.6   Zusammenfassung und Ergänzungen

In Kap. 3 wird die Anwendung der komplexen Rechnung in der Wechselstromtechnik ausführlich erläutert. Mit Hilfe dieses Verfahrens können lineare Schaltungen bei sinusförmiger Erregung und bei ausschließlicher Betrachtung des stationären Zustandes analysiert werden. Es wird dargestellt, dass durch den Trick mit der komplexen Rechnung die im Zeitbereich auftretenden Probleme (man muss Differentialgleichungen lösen!) vermieden werden. Darüber hinaus wird demonstriert, dass bei der Schaltungsanalyse im komplexen Bereich die Kirchhoffschen Regeln und ein verallgemeinertes Ohmsches Gesetz gelten. Damit können alle in der Gleichstromtechnik üblichen Regeln und Analyseverfahren (z. B. das Knotenpotenzial-Verfahren) übernommen werden.

Hier noch ein paar Hinweise und Ergänzungen:

In diesem Kompendium werden sinusförmige Spannungen und Ströme über Amplituden und Phasen charakterisiert. Die Transformationsvorschrift* für den Übergang vom Zeit- in den komplexen Bereich lautet deshalb: $u(t) \rightarrow \underline{u} = \widehat{u}\, e^{j\phi}$ bzw. $i(t) \rightarrow \underline{i} = \widehat{i}\, e^{j\phi}$. In der Wechselstromtechnik interessiert man sich dagegen mehr für Effektivwerte, deshalb wird dort die folgende Variante der obigen Transformationsvorschrift verwendet: $u(t) \rightarrow \underline{U} = U\, e^{j\phi}$ bzw. $i(t) \rightarrow \underline{I} = I e^{j\phi}$. Dabei sind U und I die Effektivwerte von Spannung und Strom. Da Amplituden und Effektivwerte bei sinusförmigen Größen über die linearen Beziehungen $U = \widehat{u}/\sqrt{2}$, $I = \widehat{i}/\sqrt{2}$ verknüpft sind, ist es ziemlich egal, welche Transformationsvorschrift man verwendet (nur beim Übergang in den Zeitbereich muss evtl. ein Effektivwert in eine Amplitude umgerechnet werden!).

Es sollte hier auch noch erwähnt werden, dass man in der Wechselstromtechnik die in den Lösungsplänen 1 und 2 vorgeschriebenen Transformationen und Rücktransformationen normalerweise gar nicht ausführt, man verbleibt im komplexen Bereich. D. h. es werden Effektivwerte und Phasen von erregenden Größen vorgegeben. Daraus kann man Effektivwerte und Phasen von gesuchten Größen direkt im komplexen Bereich ermitteln.

Es soll hier ebenfalls noch erwähnt werden, dass man die in einer Schaltung auftretenden Spannungen und Ströme in transformierter Form in der komplexen Ebene als Zeiger darstellen kann. Damit gewinnt man sogenannte Zeigerdiagramme. An Hand derartiger Diagramme können die unterschiedlichen Amplituden bzw. Effektivwerte und Phasen der verschiedenen Größen veranschaulicht werden. Auch komplexe Widerstände sowie komplexe Leitwerte können als Zeiger in der komplexen Ebene dargestellt werden.

Jetzt noch ein paar Hinweise:

In den Kap. 3 bis 6 werden der Einfachheit halber ausschließlich lineare Übertragungsglieder (lineare Schaltungen mit einer Eingangs- und einer Ausgangsgröße) in Betracht gezogen. Als Ein- und Ausgangsgrößen sind in den Lösungsplänen immer Spannungen angegeben, aber diese Größen stehen dabei stellvertretend für beliebige Ein- oder Ausgangsgrößen, d. h. nicht nur für Spannungen, sondern auch für Ströme. Alle Lösungspläne, die in den Kap. 3 bis 6 vorgestellt werden, können übrigens leicht erweitert werden, sodass sie auch die Analyse von Schaltungen mit mehreren Ein- und/oder Ausgangsgrößen gestatten.

Lineare Schaltungen (Widerstände, Spulen, Kondensatoren), beliebige periodische Erregungen, stationäre Zustände, Fourier- Analyse

4

4.1 Einführung

In Kap. 4 werden wieder lineare Schaltungen mit Energiespeichern (Spulen und Kondensatoren) im stationären Zustand in Betracht gezogen.

Allerdings werden diesmal beliebige periodische Erregungen zugelassen. Letztere können mit Hilfe einer Fourier-Analyse auf sinusförmige Bestandteile zurückgeführt werden. Die Einflüsse der einzelnen sinusförmigen Bestandteile auf die Ausgangsgröße können recht einfach mit Hilfe der komplexen Rechnung unter Einbeziehung des komplexen Frequenzgangs ermittelt werden. Wegen Gültigkeit des Superpositionsgesetzes (vgl. Abschn. 4.2) kann man dann die Ausgangsgröße über eine einfache Summenbildung bestimmen.

Dem Leser dieses Kompendiums sollte die Fourier-Analyse schon bekannt sein, aber eine kurze Wiederholung ist sicherlich sinnvoll. Anschließend folgen noch einige Bemerkungen zum komplexen Frequenzgang, danach wird das hier angedeutete Lösungsverfahren detailliert beschrieben.

4.2 Fourier-Analyse, Superpositionsgesetz, komplexer Frequenzgang

Die Fourier-Synthese und -Analyse sind für das Verständnis vieler technischer Zusammenhänge und Analyseverfahren von außerordentlicher Bedeutung. Deshalb im Folgenden die bereits in der Einführung versprochene Wiederholung. Anschließend folgen, wie ebenfalls schon angekündigt, noch einige Bemerkungen zum komplexen Frequenzgang.

© Springer Fachmedien Wiesbaden GmbH, ein Teil von Springer Nature 2023
A. Gräßer, *Analyse linearer und nichtlinearer elektrischer Schaltungen*,
https://doi.org/10.1007/978-3-658-41009-4_4

Fourier-Analyse

Der Mathematiker Fourier hat nachgewiesen, dass durch die Addition einer Gleichgröße (Sinusgröße mit der Kreisfrequenz 0), einer Grundschwingung (Sinusgröße mit der Kreisfrequenz ω_1) und Oberschwingungen (Sinusgrößen mit den Kreisfrequenzen $2\omega_1$, $3\omega_1$, $5\omega_1$ usw.) beliebige periodische Größen mit der Kreisfrequenz ω_1 „konstruiert" werden können. Dieses Konstruktionsverfahren wird *Fourier-Synthese* genannt. Die Amplituden und Phasen der einzelnen Sinusgrößen bestimmen die Form der so zusammengesetzten periodischen Größe. Um dieses Prinzip zu verdeutlichen, wird in Abb. 4.1 dargestellt, wie man durch Addition von nur drei Sinusschwingungen mit den Kreisfrequenzen ω_1, $3\omega_1$ und $5\omega_1$ eine angenäherte Rechteckimpulsfolge erzeugen kann. Wenn man noch weitere Oberschwingungen mit den richtigen Frequenzen und Amplituden berücksichtigen könnte, würde die Rechteckimpulsfolge immer perfekter.

Wenn es möglich ist, beliebige periodische Größen über eine Fourier-Synthese zu erzeugen, muss auch der umgekehrte Weg möglich sein, nämlich das Zerlegen einer beliebigen periodischen Größe in eine Gleichgröße, eine GrundschwingungundOberschwingungen.EinederartigeZerlegungwird*Fourier-Analyse* genannt.

Die Fourier-Analyse besteht also darin, für eine bestimmte Schwingungsform die Gleich- größe U_0 sowie die Amplituden $\hat{u}_n$ und die Phasen φ_n der Grundschwingung ($n = 1$) und der Oberschwingungen ($n = 2$, 3, ….) zu ermitteln. Im Folgenden werden die dazu nötigen Formeln, die der Mathematiker Fourier ermittelt hat, angegeben. Auf eine Ableitung dieser Formeln wird verzichtet.

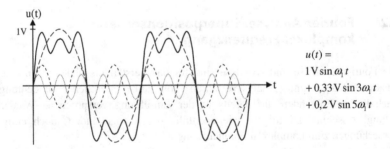

$$u(t) =$$
$$1\,V \sin \omega_1 t$$
$$+\,0{,}33\,V \sin 3\omega_1 t$$
$$+\,0{,}2\,V \sin 5\omega_1 t$$

Abb. 4.1 Fourier-Synthese, Erzeugung einer angenäherten Rechteckimpulsfolge

Fourier-Reihe, Kosinusform $(n = 1, 2, \cdots, \infty)$

$$u(t) = U_0 + \sum_{n=1,2,\cdots}^{\infty} \widehat{u}_n \cos(n\,\omega_1 t + \varphi_n) \tag{4.1a}$$

mit

$$U_0 = \frac{1}{T} \int_{-\frac{T}{2}}^{+\frac{T}{2}} u(t)dt$$

$$\widehat{u}_n = \sqrt{a_n^2 + b_n^2}, \quad \varphi_n = -\arctan\frac{b_n}{a_n} \tag{4.1b}$$

$$a_n = \frac{2}{T} \int_{-\frac{T}{2}}^{+\frac{T}{2}} u(t)\cos(n\omega_1 t)dt, \quad b_n = \frac{2}{T} \int_{-\frac{T}{2}}^{+\frac{T}{2}} u(t)\sin(n\omega_1 t)dt$$

In der Fourier-Reihe Gl. (4.1) können statt der Kosinusglieder auch Sinusglieder eingesetzt werden. Dann muss die oben angegebene Bestimmungsgleichung für φ_n entsprechend geändert werden. Man kann die Fourier-Reihe auch als Summe von Kosinus- und Sinusgliedern darstellen. Eine weitere Möglichkeit der Formulierung der Fourier-Reihe besteht darin, dass man mittels der Eulerschen Formeln die Kosinusglieder in Gl. (4.1) durch komplexe Exponentialfunktionen ausdrückt, vgl. Gl. (3.1). Wenn man dies tut und noch einige Umrechnungen vornimmt, erhält man die Fourier-Reihe in einer komplexen Form. Diese Form der Fourier-Reihe ist zunächst recht unanschaulich, sie wird aber häufig benützt, da sie sehr kompakt ist und mathematisch gut ausgewertet werden kann. Deshalb soll sie hier auch angeführt werden.

Fourier-Reihe, komplexe Form $(n = 0, \pm 1, \pm 2, \cdots, \pm\infty)$

$$u(t) = \sum_{n=-\infty}^{+\infty} \underline{u}_n e^{j\,n\,\omega_1 t} \tag{4.2a}$$

mit

$$\underline{u}_n = \frac{1}{T} \int\limits_{-\frac{T}{2}}^{+\frac{T}{2}} u(t)e^{-j\,n\,\omega_1 t}\,dt \qquad\qquad (4.2b)$$

Auf ein Beispiel zur Fourier-Analyse bzw. Fourier-Reihenentwicklung soll hier verzichtet werden. In den einschlägigen Mathematik- und Elektrotechnik – Büchern sind die Reihen-entwicklungen für die wichtigsten periodischen Funktionen (Rechteck-, Dreieck-, Sägezahnimpulsfolgen usw.) aufgelistet, man muss also nur in den seltensten Fällen selber rechnen.

Superpositionsgesetz

In diesem Kapitel werden nur lineare Schaltungen in Betracht gezogen. In Abschn. 1.3 wird erläutert, was eine lineare Schaltung charakterisiert. Hier soll noch angefügt werden, dass für lineare Schaltungen das *Superpositionsgesetz* gilt, es lautet:

In einer linearen Schaltung mit mehreren Quellen sind alle in der Schaltung auftretenden Spannungen bzw. Ströme als Summe der Teilspannungen bzw. Teilströme darstellbar, die sich ergeben, wenn man jeweils nur eine Quelle wirken lässt und wenn man die gerade nicht berücksichtigten Spannungs- bzw. Stromquellen durch Kurzschlüsse bzw. Unterbrechungen ersetzt.

Komplexer Frequenzgang

In Abschn. 3.5 wurde bereits dargestellt, dass der Zusammenhang zwischen der komplexen Ausgangsgröße $\underline{u}_a$ und der komplexen Eingangsgröße $\underline{u}_e$ eines linearen Übertragungsgliedes über die Beziehung $\underline{u}_a = G(j\omega)\,\underline{u}_e$ angegeben werden kann. Dabei ist $G(j\omega)$ ein komplexer Proportionalitätsfaktor, der als *komplexer Frequenzgang* bezeichnet wird.

Wie schon in Abschn. 3.5 erwähnt, steckt in $G(j\omega)$ sozusagen in codierter Form die Struktur der Schaltung.

Der Clou dabei: Der Ausdruck $G(j\omega)$ gilt für alle Frequenzen. An Hand von $G(j\omega)$ kann ermittelt werden, wie das Übertragungsglied sinusförmige Größen verschiedener Frequenzen überträgt. Dabei wird nur der stationäre Zustand berücksichtigt, das ist ja auch die Voraussetzung für die Anwendung der komplexen Rechnung.

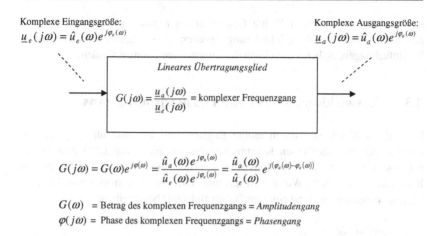

$$G(j\omega) = G(\omega)e^{j\varphi(\omega)} = \frac{\hat{u}_a(\omega)e^{j\varphi_a(\omega)}}{\hat{u}_e(\omega)e^{j\varphi_e(\omega)}} = \frac{\hat{u}_a(\omega)}{\hat{u}_e(\omega)} e^{j(\varphi_a(\omega)-\varphi_e(\omega))}$$

$G(\omega)$ = Betrag des komplexen Frequenzgangs = *Amplitudengang*

$\varphi(j\omega)$ = Phase des komplexen Frequenzgangs = *Phasengang*

Abb. 4.2 Erläuterungen zum komplexen Frequenzgang $G(j\omega)$

In Abb. 4.2 ist noch einmal ein lineares Übertragungsglied als Black Box dargestellt. Im Bild wird darüber hinaus der komplexe Frequenzgang in Betrag und Phase aufgegliedert. Der Betrag von $G(j\omega)$ wird als *Amplitudengang* und die Phase von $G(j\omega)$ wird als *Phasengang* bezeichnet. Der Amplitudengang $G(\omega)$ gibt offensichtlich das Verhältnis der Amplituden von Ausgangs- und Eingangsgröße in Abhängigkeit von der Frequenz an, der Phasengang $\varphi(\omega)$ beinhaltet die Phasenverschiebung zwischen Ein- und Ausgangsgröße, ebenfalls in Abhängigkeit von der Frequenz.

Bei dem oben dargestellten Übertragungsglied werden Spannungen als Ein- und Ausgangsgröße angenommen. Selbstverständlich könnten stattdessen auch Ströme stehen.

Durch die Schreibweise $\underline{u}_e(j\omega)$, $\underline{u}_a(j\omega)$ und $G(j\omega)$ wird betont, dass Erregungen mit verschiedenen Kreisfrequenzen in Betracht gezogen werden können und dass es sich um komplexe Größen handelt. Dem Leser ist vielleicht auch aufgefallen, dass der komplexe Frequenzgang $G(j\omega)$ ohne den sonst bei komplexen Größen üblichen Unterstrich auskommen muss. Das ist inkonsequent, aber in der gesamten Literatur üblich. Beim Amplitudengang und beim Phasengang steht in der Klammer nur ω und nicht $j\omega$, das ist ok, denn diese Größen sind ja reell.

Die grafische Darstellung von $G(\omega)$ und $\varphi(\omega)$ über der Kreisfrequenz ist sehr hilfreich, um das Übertragungsverhalten linearer Übertragungsglieder für sinusförmige Größen zu visualisieren. Dabei wird häufig ein *Bodediagramm* verwendet. In einem solchen Diagramm werden 20 log $G(\omega)$ über log ω sowie $\varphi(\omega)$ über log ω aufgetragen. Durch die Logarithmierung ergeben sich erhebliche zeichnerische Vereinfachungen, Näheres dazu kann der Literatur entnommen werden.

4.3   Entwicklung eines neuen Lösungsverfahrens

Im vorigen Abschnitt wurden einige Begriffe und Zusammenhänge erläutert. Daraus soll jetzt über einen Kombinationsprozess ein neues Lösungsverfahren entwickelt werden. Wie das funktioniert, wird bereits in der Einführung zu Kap. 4 kurz dargestellt. Wir wollen uns eine Wiederholung sparen und das neue Lösungsverfahren an Hand eines einfachen Beispiels beschreiben.

Beispiel *RC*-Glied

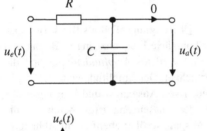

Gegeben:
Die periodische Eingangsspannung mit $\hat{u}_e$, T bzw. $\omega_1 = 2\pi/T$ sowie die Bauelemente R und C

Gesucht:
Die sich im stationären Zustand einstellende Ausgangsspannung $u_a(t)$

Lösung:
Schritt 1, Fourier-Analyse der Eingangsspannung durchführen
Die Reihenentwicklung mit Hilfe der Gl. (4.1) wollen wir nicht durchführen, das Ergebnis kann der Literatur entnommen werden, es gilt:

$$u_e(t) = U_{e0} + \sum_{n=1,3,5\ldots}^{\infty} \hat{u}_{en}\cos(n\,\omega_1 t + \varphi_{en}) \quad \text{mit} \quad U_{e0} = \frac{\hat{u}_e}{2}, \ \ \hat{u}_{en} = \frac{2\hat{u}_e}{n\pi}, \varphi_{en} = -\frac{\pi}{2}$$

Wenn man die Reihenentwicklung explizit durchführen würde, könnte man erkennen, dass die Amplituden der Oberschwingungen der Ordnung 2, 4, 6 usw. Null sind, deshalb gilt für diese Reihenentwicklung: $n = 1, 3, 5, \ldots\ldots$

Wir können also die Eingangsgröße $u_e(t)$ offensichtlich als Summe von unendlich vielen Spannungsquellen ansehen, die in Reihe geschaltet auf das RC-Glied einwirken:

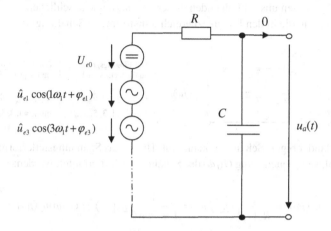

Da eine lineare Schaltung vorliegt, gilt das Superpositionsgesetz. Deshalb kann man die folgende Lösungsmethode ins Auge fassen:

Man schließt alle Quellen im Bild oben in Gedanken kurz, ausgenommen die Gleichspannungsquelle. Nun berechnet man die daraus folgende Teil-Ausgangsgröße.

Dann schließt man wieder alle Quellen kurz, ausgenommen die Wechsel-spannungsquelle mit der Kreisfrequenz $1\omega_1$. Man berechnet nun erneut die daraus folgende Teil-Ausgangsgröße.

Jetzt schließt man wieder alle Quellen kurz, diesmal wird die Wechsel-spannungsquelle mit der Kreisfrequenz $3\omega_1$ ausgenommen. Anschließend erfolgt wieder die Berechnung der sich daraus ergebenden Teil-Ausgangsgröße.

Dieses Verfahren wird fortgeführt. Wenn man genügend viele Schritte dieser Art „erledigt" hat, werden alle berechneten Teil-Ausgangsgrößen addiert. Damit erhält man die gesuchte Ausgangsgröße, allerdings nur näherungsweise, da man die oben angedeuteten Schritte nicht unendlich oft durchführen kann. Man kann aber davon ausgehen, dass das Verfahren relativ schnell konvergiert, da die Amplituden der Oberschwingungen höherer Ordnung immer kleiner werden.

Schritt 2, Berechnung der Teil-Ausgangsgrößen im Frequenzbereich
Wie kann man das im Schritt 1 angedeutete Verfahren nun praktisch durch-führen? Der Leser ahnt es schon, das geht mit Hilfe der komplexen Rechnung sehr einfach. Zunächst soll die Beispiels-Schaltung in den komplexen Bereich

transformiert werden. In der Fachliteratur wird in diesem Zusammenhang allerdings immer vom *Frequenzbereich* gesprochen, als Hinweis darauf, dass man es jetzt nicht nur mit einer, sondern mit verschiedenen Frequenzen zu tun hat. Wir wollen uns im Folgenden dieser Terminologie anschließen.

Hier nun die in den Frequenzbereich transformierte Schaltung:

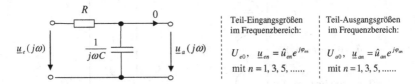

	Teil-Eingangsgrößen im Frequenzbereich:	Teil-Ausgangsgrößen im Frequenzbereich:
	U_{e0}, $\underline{u}_{en} = \hat{u}_{en}e^{j\varphi_{en}}$	U_{a0}, $\underline{u}_{an} = \hat{u}_{an}e^{j\varphi_{an}}$
	mit $n = 1, 3, 5, \ldots$	mit $n = 1, 3, 5, \ldots$

An Hand obiger Schaltung kann mit Hilfe der Spannungsteilerformel der komplexe Frequenzgang $G(j\omega)$ der Schaltung sofort ermittelt werden:

$$\underline{u}_a(j\omega) = \frac{\frac{1}{j\omega C}}{R + \frac{1}{j\omega C}}\underline{u}_e(j\omega) = \frac{1}{1 + j\omega RC}\underline{u}_e(j\omega) = G(j\omega)\underline{u}_e(j\omega)$$

Damit hat man den komplexen Frequenzgang $G(j\omega)$ bestimmt. Er kann in Betrag und Phase aufgegliedert werden, sodass man auch noch den Amplitudengang $G(\omega)$ und den Phasengang $\varphi(\omega)$ erhält:

$$G(j\,\omega) = \frac{1}{1 + j\,\omega RC}, G(\omega) = \frac{1}{\sqrt{1 + (\omega RC)^2}}, \varphi(\omega) = -\arctan(\omega RC)$$

Nach diesen Vorbereitungen können nun die Teil-Ausgangsgrößen im Frequenzbereich sehr einfach berechnet werden.

Zunächst soll ermittelt werden, welche Teil-Ausgangsgröße die Teil-Eingangsgröße U_{e0} erzeugt. Da man eine Gleichgröße als sinusförmige Größe mit der Frequenz 0 und der Amplitude U_{e0} auffassen kann, liegt es nahe, die Berechnung von U_{a0} mit Hilfe des Amplitudenganges (für $\omega = 0$ spezifiziert) zu erledigen:

$$U_{a0} = G(\omega = 0)U_{e0} = U_{e0}$$

Die Berechnung der restlichen Teil-Ausgangsgrößen kann nun wie üblich mit Hilfe des komplexen Frequenzgangs erfolgen ($n = 1, 3, 5, \ldots$):

$$\underline{u}_{an} = G(jn\omega_1)\underline{u}_{en} = G(n\omega_1)e^{j\varphi(n\omega_1)}\,\hat{u}_{en}e^{j\varphi_{en}}$$
$$= G(n\omega_1)\hat{u}_{en}e^{j(\varphi(n\omega_1)+\varphi_{en})} = \hat{u}_{an}e^{j\varphi_{an}}$$

Es gilt also:

$$\hat{u}_{an} = G(n\omega_1)\hat{u}_{en}, \varphi_{an} = \varphi(n\omega_1) + \varphi_{en}$$

Schritt 3, Rücktransformation der Teil-Ausgangsgrößen in den Zeitbereich

$$U_{a0} \to G(0)U_{e0}$$

$$\underline{u}_{an} \to G(n\omega_1)\hat{u}_{en}\cos(n\omega_1 t + \varphi_{an})$$

$$(n = 1, 3, 5, \ldots)$$

Schritt 4, Summation im Zeitbereich zwecks Bildung der Gesamt-Ausgangsgröße

$$u_a(t) = G(0)U_{e0} + \sum_{n=1,3,5\ldots}^{\infty} G(n\omega_n)\hat{u}_{en}\cos(n\omega_1 t + \varphi_{an}) \quad (n = 1, 3, 5, \ldots\ldots)$$

Die Spezifikationen für $U_{e0}, \hat{u}_{en}, \varphi_{en}, G(n\omega_1), G(0), \varphi(n\omega_1), \varphi_{an}$ können Lösungsschritt 1 und Lösungsschritt 2 entnommen werden:

$$U_{e0} = \frac{\hat{u}_e}{2}, \hat{u}_{en} = \frac{2\hat{u}_e}{n\pi}, \varphi_{en} = -\frac{\pi}{2}, \qquad \text{(Vgl. Schritt 1)}$$

$$G(n\omega_1) = \frac{1}{\sqrt{1+(n\omega_1 RC)^2}}, G(0) = 1, \qquad \text{(Vgl. Schritt 2)}$$

$$\varphi(n\omega_1) = -\arctan(n\omega_1 RC), \varphi_{an} = \varphi(n\omega_1) + \varphi_{en} \quad \text{(Vgl. Schritt 3)}$$

Damit ist die Ausgangsgröße vollständig spezifiziert! Wie bereits erwähnt, kann man bei der Summenbildung nur eine endliche Zahl von Summanden berücksichtigen, man kann die Ausgangsgröße also nur näherungsweise berechnen. ◀

4.4 Lösungspläne

Im vorangegangenen Abschnitt wurde an Hand eines Beispiels erläutert, wie die Ausgangsgröße eines linearen Übertragungsgliedes bei periodischer Erregung für den stationären Zustand berechnet werden kann. Daraus sollen nun einfach handhabbare Lösungspläne abgeleitet werden.

Lösungsplan 1
Der erste Lösungsplan wird in Abb. 4.3 dargestellt. Er gibt ziemlich genau die im vorangegangenen Beispiel erläuterte Vorgehensweise wieder, allerdings

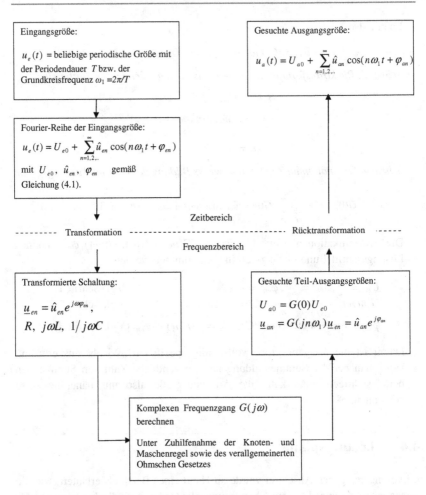

Abb. 4.3 Analyse von linearen Schaltungen, stationärer Zustand, beliebige periodische Erregung, Lösungsplan 1 (Es gilt: $n = 1, 2, \cdots, \infty$)

in verallgemeinerter und übersichtlicherer Form. Falls der Leser dieses Beispiel „durchgearbeitet" hat, müsste er Abb. 4.3 eigentlich sofort verstehen und anwenden können.

Lösungsplan 2

Der zweite Lösungsplan wird in Abb. 4.4 dargestellt. Er entspricht Lösungsplan 1, mit einem Unterschied: Er beruht auf der Fourier-Reihe in der komplexen Form gemäß Gl. (4.2).

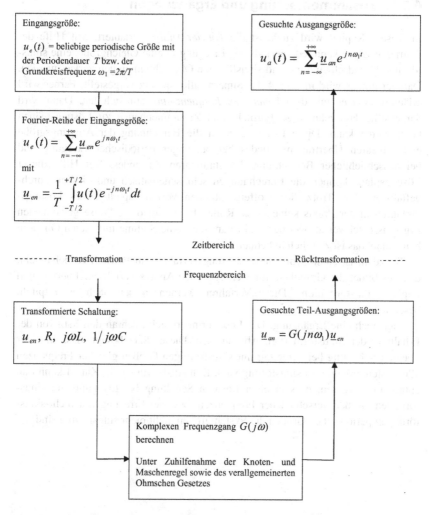

Abb. 4.4 Analyse von linearen Schaltungen, stationärer Zustand, beliebige periodische Erregung, Lösungsplan 2 (Es gilt: $n = 0, \pm 1, \pm 2, \cdots, \pm\infty$)

Wegen der Verwendung der Fourier-Reihe in der komplexen Form verliert der Plan gegenüber Lösungsplan 1 an Anschaulichkeit. Dafür ist er kompakter und besser nutzbar für eine weitergehende Schaltungsanalyse. Dazu mehr im Kap. 5.

4.5   Zusammenfassung und Ergänzungen

In diesem Kapitel wird zunächst die *Fourier-Analyse* erläutert. Mit Hilfe der Fourier-Analyse kann jede periodische Erregung in eine Gleichgröße, eine sinusförmige Grundschwingung und sinusförmige Oberschwingungen zerlegt werden. Darüber hinaus wird in Kap. 4 das Superpositionsgesetz vorgestellt. Ferner wird erläutert, was es mit dem *komplexen Frequenzgang* auf sich hat. Dann wird dargestellt, dass man diese Formeln und Zusammenhänge zu Lösungsplänen kombinieren kann. Diese Pläne gestatten die Berechnung der Ausgangsgröße eines linearen Übertragungsgliedes bei beliebiger periodischer Erregung und bei ausschließlicher Betrachtung des stationären Zustandes. Mit Hilfe dieser Lösungspläne können die Berechnungen sehr schematisch und einfach durchgeführt werden. Trotz dieser offensichtlichen Vorteile spielt dieses Lösungsverfahren in der Praxis keine große Rolle, da die auf diese Weise gewonnenen Ergebnisse schwer auswertbar sind (man muss eine Summe mit vielen Gliedern berechnen, das ist ziemlich unbequem).

Trotzdem ist es sinnvoll, dieses Lösungsverfahren ausführlich zu behandeln, denn es bildet die Grundlage für weitergehende Analyseverfahren (Fourier- und Laplace-Transformation). Diese Verfahren werden in den nächsten Kapiteln beschrieben.

Hier noch eine Ergänzung: Der Leser erinnert sich noch an den Satz von der Erhaltung der Sinusform (vgl. Abschn. 3.2). Dieser Satz besagt, dass in einer linearen Schaltung bei Erregung mit sinusförmigen Größen gleicher Frequenzen alle Systemgrößen rein sinusförmig sind. Den Ausführungen in Kap. 4 kann nun entnommen werden, dass in einer linearen Schaltung bei Erregung mit sinusförmigen Größen verschiedener Frequenzen bzw. bei Erregung mit nicht-sinusförmigen periodischen Größen die Systemgrößen nicht mehr sinusförmig sind!

Lineare Schaltungen (Widerstände, Spulen, Kondensatoren), beliebige Erregungen, Transientenanalyse, Fourier-Transformation

5

5.1 Einführung

In den bisherigen Kapiteln haben wir uns auf die Analyse linearer Schaltungen im stationären Zustand beschränkt. D. h. wir haben die Vorgänge in einer Schaltung ausgeblendet, die sich direkt nach einem Schaltvorgang abspielen. Oftmals sind derartige Vorgänge aber von großem Interesse, z. B. in der Regelungstechnik. Dort will man wissen, wie bestimmte Systemgrößen reagieren, wenn sich Sollwerte oder Störgrößen plötzlich ändern.

Analysen, die Schaltvorgänge mit einbeziehen, werden als Transientenanalysen bezeichnet (vgl. Abschn. 1.4). Es gibt nun verschiedene Ansätze, um eine Transientenanalyse durchzuführen.

Eine naheliegende Methode besteht darin, dass man die DGL der in Betracht gezogenen Schaltung aufstellt und in klassischer Art und Weise im Zeitbereich löst. Zur Erinnerung an den Mathematikunterricht: Man ermittelt zunächst eine spezielle bzw. partikuläre Lösung der DGL, dann ermittelt man die allgemeine Lösung der homogenen DGL. Durch Addition dieser Lösungen ergibt sich dann die unendlich große Lösungsmenge der ursprünglichen DGL. Über die sogenannten Anfangswerte (Näheres dazu wird im Kap. 6 vermittelt) wird dann die für das vorliegende Problem passende Lösung aus der Lösungsmenge „herausgefischt". Diese relativ aufwendige Methode soll in diesem Kompendium nicht weiter verfolgt werden (vgl. auch Abschn. 3.3).

Wir wollen in den nächsten Abschnitten eine andere Möglichkeit für eine Transientenanalyse favorisieren. Diese Methode basiert auf den in Kap. 4 vermittelten „Wissenselementen".

In Kap. 4 wird ja dargestellt, wie man mit Hilfe der Fourier-Analyse, des Superpositionsgesetzes und der komplexen Rechnung die Ausgangsgröße

© Springer Fachmedien Wiesbaden GmbH, ein Teil von Springer Nature 2023
A. Gräßer, *Analyse linearer und nichtlinearer elektrischer Schaltungen*,
https://doi.org/10.1007/978-3-658-41009-4_5

einer linearen Schaltung bei Erregung mit einer beliebigen periodischen Größe berechnen kann, allerdings nur für den stationären Zustand.

Im Folgenden wird nun gezeigt, dass man die Fourier-Analyse auch auf nichtperiodische Größen ausweiten kann. Damit ergeben sich ungeahnte Möglichkeiten. Man könnte dann z. B. (ähnlich wie in den Abb. 4.3 und 4.4 dargestellt) ganz schematisch ermitteln, wie eine Schaltung reagiert, wenn beispielsweise ein einzelner Impuls als Erregung auftritt. Damit wäre der Weg für eine einfache Transientenanalyse eröffnet. Dieser Weg soll deshalb hier weiterverfolgt werden, er führt zur sogenannten *Fourier-Transformation*.

5.2 Erweiterung der Fourier-Analyse auf nichtperiodische Vorgänge

In der Einführung wurde bereits angedeutet, dass die Fourier-Analyse auch auf nichtperiodische Größen angewendet werden kann. Im Folgenden soll nun gezeigt werden, wie das funktioniert. In Abb. 5.1 wird zunächst gezeigt, dass durch den Übergang $T \to \infty$ eine periodische Größe in eine nichtperiodische Größe übergeht. Eine Rechteckimpulsfolge wird auf diese Weise zu einer Sprungfunktion, eine Sägezahnimpulsfolge wird zu einer Rampenfunktion usw.

Rechteckimpulsfolge wird für $T \to \infty$ zur Sprungfunktion:

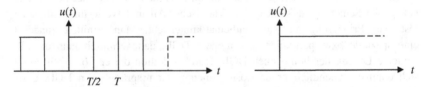

Sägezahnimpulsfolge wird für $T \to \infty$ zur Rampenfunktion:

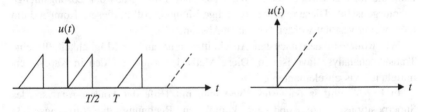

Abb. 5.1 Zusammenhang zwischen periodischen- und nichtperiodischen Größen (Beispiele)

Der aufmerksame Leser wird vielleicht einwenden, dass die auf diese Weise erzeugten Funktionen genau genommen doch periodisch bleiben. Eine Wiederholung findet ja statt, wenn auch erst im Unendlichen. Aber dieser Schönheitsfehler ist unerheblich. Die nach $T/2$ bzw. vor $-T/2$ auftretenden Funktionswerte sind wegen $T \to \infty$ soweit weg, dass sie in keinerlei Hinsicht irgendwelche Einflüsse auf irgendwelche Berechnungen ausüben können.

Mit den eben entwickelten Vorstellungen kann man sich im Umkehrschluss jede nichtperiodische Größe $u(t)$ als periodische Größe mit unendlich großer Periodendauer vorstellen. Konsequenterweise müsste diese Größe dann auch einer Fourier-Analyse zugänglich sein, allerdings in etwas modifizierter Form: Die in Kap. 4 vorgestellten Gleichungen für die Reihenentwicklung müssten einer Grenzwertbetrachtung unterzogen werden, sodass sie auch für $T \to \infty$ tauglich werden.

Im Folgenden soll erläutert werden, wie man sich diese Grenzwertbildung in etwa vorstellen muss. Auf eine genaue Ableitung wird verzichtet. Näheres kann der mathematischen Spezialliteratur entnommen werden.

Grenzwertbildung

Wir gehen von der Fourier-Reihe in komplexer Form aus, vgl. Gl. (4.2a) und (4.2b). Wir wollen diese Gleichungen der Übersicht halber hier noch einmal „abschreiben". Für beide Gleichungen gilt $n = 0, \pm 1, \pm 2, \pm 3, \dots$.

$$u(t) = \sum_{n=-\infty}^{+\infty} \underline{u}_n e^{jn\omega_1 t} \quad (4.2a) \qquad \underline{u}_n = \frac{1}{T} \int_{-\frac{T}{2}}^{+\frac{T}{2}} u(t) e^{-jn\omega_1 t}\, dt \quad (4.2b)$$

Diese Gleichungen werden über elementare Umformungen (Erweiterungen, Anwenden der Beziehung $\omega_1 = 2\pi/T$ usw.) für den Grenzübergang vorbereitet. Da mit wachsendem T die komplexe Größe $\underline{u}_n$ gemäß Gl. (4.2b) immer kleiner wird, ist es im Sinne einer leichteren Grenzwertbildung nützlich, eine Größe $(\underline{u}_n T)$ zu bilden:

$$\downarrow$$

$$u(t) = \frac{1}{2\pi} \sum_{n=-\infty}^{+\infty} (\underline{u}_n T) e^{jn\omega_1 t} \frac{2\pi}{T}$$

$$\downarrow$$

$$u(t) = \frac{1}{2\pi} \sum_{n=-\infty}^{+\infty} (\underline{u}_n T) e^{jn\omega_1 t} \omega_1 \quad (5.1a) \qquad (\underline{u}_n T) = \int_{-\frac{T}{2}}^{+\frac{T}{2}} u(t) e^{-jn\omega_1 t}\, dt \quad (5.1b)$$

Jetzt folgt der Grenzübergang $T \to \infty$:

Mit wachsendem T wird $\omega_1 = 2\pi/T$ immer kleiner. In Gl. (5.1a) geht deshalb mit dem Grenzübergang die Kreisfrequenz ω_1 in $d\omega$ und die Summe in ein Integral über.

Da mit wachsendem T die Kreisfrequenz ω_1 kleiner wird, rücken die Oberschwingungen $\cdots n\omega_1, (n+1)\omega_1 \cdots$ immer enger zusammen. Das diskrete Frequenzspektrum geht in ein kontinuierliches Frequenzspektrum über. Letzteres enthält nach dem Grenzübergang alle Frequenzen. In den Gl. (5.1a) und (5.1b) geht deshalb mit dem Grenzübergang $n\omega_1$ in ω über.

Beim Grenzübergang soll $(\underline{u}_n T)$ in eine Größe übergehen, die mit $U(j\omega)$ bezeichnet wird.

$$u(t) = \frac{1}{2\pi} \int\limits_{-\infty}^{+\infty} U(j\omega) e^{j\omega t} \, d\omega \quad (5.2a) \qquad U(j\omega) = \int\limits_{-\infty}^{+\infty} u(t) e^{-j\omega t} \, dt \quad (5.2b)$$

Fourier-Integral und komplexe Spektraldichte

Das Integral in Gl. (5.2a) wird *Fourier-Integral* genannt, die Größe $U(j\omega)$ wird als *komplexe Spektraldichte* bezeichnet. $U(j\omega)$ hat übrigens nicht die Dimension Volt, wie man vielleicht bei oberflächlicher Betrachtung vermuten würde, sondern die Dimension *Voltsekunde*. Das folgt aus Gl. (5.2b). In dieser Gleichung ist im Integranden eine Spannung $u(t)$ aufgeführt und es wird über die Zeit integriert. Die Größe $u(t)$ haben wir aber nur stellvertretend für beliebige Zeitfunktionen gewählt. Im Integranden könnte auch der Strom $i(t)$ stehen. Dann wird die Spektraldichte entsprechend mit $I(j\omega)$ bezeichnet. Diese Größe hätte die Dimension *Amperesekunde*.

Bei der komplexen Größen $U(j\omega)$ und $I(j\omega)$ wird aus Bequemlichkeit auf den sonst bei komplexen Größen üblichen Unterstrich verzichtet.

Transformationen

Die Berechnung von $U(j\omega)$ über die Gl. (5.2b) kann als eine *Transformation vom Zeitbereich in den Frequenzbereich* aufgefasst werden:

$$u(t) \to U(j\omega) \text{ mit } U(j\omega) = \int\limits_{-\infty}^{+\infty} u(t) e^{-j\omega t} \, dt$$

Häufig wird auch die Abkürzung $U(j\omega) = F[u(t)]$ benützt!

$$(5.3)$$

Die Berechnung von u(t) über die Gl. (5.2a) kann entsprechend als eine *Rücktransformation vom Frequenzbereich in den Zeitbereich* aufgefasst werden:

$$U(j\omega) \rightarrow u(t) \text{ mit } u(t) = \frac{1}{2\pi} \int\limits_{-\infty}^{+\infty} U(j\omega)e^{j\omega t}d\omega$$

(5.4)

Häufig wird auch die Abkürzung $u(t) = F^{-1}\left[U(j\omega)\right]$ benützt!

Aus der Literatur kann man entnehmen, dass das Integral in Gl. (5.3) gebildet werden kann, wenn die folgenden *Integrationsbedingungen* erfüllt sind:
Die Transformation gemäß Gl. (5.3) ist möglich, wenn u(t) den Dirichletschen Bedingungen genügt: Die Funktion darf in jedem endlichen Intervall nur eine endliche Anzahl von Minima und Maxima und endlich viele Sprungstellen aufweisen, wobei die Sprunghöhen endlich sein müssen.
Darüber hinaus muss die Existenz des Integrals $\int\limits_{-\infty}^{+\infty} |u(t)|dt$ *gesichert sein.*

Die Notwendigkeit der Existenz des obigen Integrals bedeutet, dass $u(t \rightarrow \pm\infty) = 0$ gelten muss. Die Transformation Gl. (5.3) kann also beispielsweise nicht ohne weiteres durchgeführt werden, wenn $u(t)$ eine Gleichsprungerregung beschreibt. Das ist natürlich sehr nachteilig.

Die Transformationen beinhalten noch einige interessante Eigenschaften, es gelten beispielsweise die folgenden Zuordnungen, wenn eine Transformation vom Zeit- in den Frequenzbereich vorgenommen wird:

$$\frac{du(t)}{dt} \xrightarrow{\text{Transformation}} j\omega \, U(j\omega)$$

(5.5)

$$\frac{du^n(t)}{dt^n} \xrightarrow{\text{Transformation}} (j\omega)^n U(j\omega)$$

(5.6)

$$u_1(t) + u_2(t) + \cdots \xrightarrow{\text{Transformation}} U_1(j\omega) + U_2(j\omega) + \cdots$$

(5.7)

Die Gültigkeit von Gl. (5.5) kann leicht nachgewiesen werden. Zunächst wollen wir uns an die Transformation von $u(t)$ gemäß Gl. (5.3) erinnern:

$$u(t) \rightarrow U(j\omega) = \int\limits_{-\infty}^{+\infty} u(t)e^{-j\omega t}\, dt$$

Entsprechend kann die Transformation von du/dt formuliert werden:

$$\frac{du(t)}{dt} \rightarrow \int\limits_{-\infty}^{+\infty} \frac{du(t)}{dt} e^{-j\omega t} dt$$

Über die Anwendung der partiellen Integration ($\int u'v\, dt = -\int u v' dt + uv$) kann nun das obige Integral umgeformt werden:

$$\int\limits_{-\infty}^{+\infty} \frac{du(t)}{dt} e^{-j\omega t} dt = -\int\limits_{-\infty}^{+\infty} u(t)(-j\omega)e^{-j\omega t} dt + \left[u(t)e^{-j\omega t}\right]_{-\infty}^{+\infty}$$

$$= j\omega \int\limits_{-\infty}^{+\infty} u(t)e^{-j\omega t} dt + \left[u(t)e^{-j\omega t}\right]_{-\infty}^{+\infty}$$

Da die Integrationsbedingungen für die Fourier-Transformation erfüllt sein müssen, kann man von $u(t \rightarrow \pm\infty) = 0$ ausgehen. D. h. der in obiger Gleichung in den eckigen Klammern stehende Term muss Null sein. Es gilt also unter Berücksichtigung der Gl. (5.3):

$$\int\limits_{-\infty}^{+\infty} \frac{du(t)}{dt} e^{-j\omega t} dt = j\omega \int\limits_{-\infty}^{+\infty} u(t)e^{-j\omega t} dt = j\omega U(j\omega)$$

Aus der Transformationsvorschrift (5.8) und obiger Gleichung ergibt sich somit:

$$\frac{du(t)}{dt} \rightarrow \int\limits_{-\infty}^{+\infty} \frac{du(t)}{dt} e^{-j\omega t} dt = j\omega \, U(j\omega)$$

Damit ist Gl. (5.5) bewiesen. Die Zusammenhänge Gl. (5.6) können auf die gleiche Art abgeleitet werden. Die Ableitung von Gl. (5.7) ist extrem einfach, man muss nur die Summenregel der Integralrechnung anwenden.

Nun genug mit der Theorie! Der Leser lernt ja in diesem Kapitel viele neue, abstrakte Begriffe kennen, er muss (zumindest prinzipiell) einen Grenzübergang nachvollziehen und er wird mit vielen mathematischen Überlegungen konfrontiert. Er wird sich fragen: Wozu das alles? Der Leser ahnt es hoffentlich bereits, daraus kann tatsächlich ein praxistaugliches Lösungsverfahren abgeleitet werden, näheres dazu in den nächsten Abschnitten.

5.3 Fourier-Transformation

In diesem Abschnitt sollen alle abstrakten Wissenselemente aus dem vorangegangenen Abschnitt zu einem neuen Lösungsverfahren zusammengefasst werden. Das neue Verfahren wird *Fourier-Transformation* genannt.

In Abschn. 5.2 wird deutlich gemacht, dass man auch nichtperiodische Größen einer Fourier-Analyse unterziehen kann. Damit liegt die Idee nahe, den Lösungsplan von Abb. 4.4 so zu modifizieren, dass er auch für nichtperiodische Erregungen gilt und somit auch Transientenanalysen umfasst.

Um das zu bewerkstelligen, sollte sich der Leser den Lösungsplan gemäß Abb. 4.4 noch einmal vor Augen führen. Mit den Erkenntnissen aus Kap. 5 kann dieser Plan dann „umgeschrieben" werden, sodass er auch für nichtperiodische Erregungen gilt.

Hier nun das Ergebnis dieses „Umschreibeprozesses" (zur Erleichterung wird der Lösungs-plan gemäß Abb. 4.4 noch einmal aufgeführt und neben den modifizierten Plan gestellt).

Lösungsplan gemäß Abb. 4.4:

Schritt 1:
Transformation der Eingangsgröße bzw. der gesamten Schaltung in den Frequenzbereich

$$u_e(t) \rightarrow \underline{u}_{en}$$

$$R, L, C \rightarrow R, j\omega L, \frac{1}{j\omega C}$$

Schritt 2:
Rechnen im Frequenzbereich, unter Zuhilfenahme der Knoten- und Maschenregel sowie des verallgemeinerten Ohmschen Gesetzes.

$$\underline{u}_{an} = G(j\omega)\underline{u}_{en}$$

($G(j\omega)$ ist der komplexe Frequenzgang)

Schritt 3:
Rücktransformation der Ausgangsgröße in den Zeitbereich

$$\underline{u}_{an} \rightarrow u_a(t)$$

Modifizierter Lösungsplan:

Schritt 1:
Transformation der Eingangsgröße bzw. der gesamten Schaltung in den Frequenzbereich gemäß Gleichung (5.3)

$$u_e(t) \rightarrow U_e(j\omega)$$

$$R, L, C \rightarrow R, j\omega L, \frac{1}{j\omega C}$$

Schritt 2:
Rechnen im Frequenzbereich, unter Zuhilfenahme der Knoten- und Maschenregel sowie des verallgemeinerten Ohmschen Gesetzes.

$$U_a(j\omega) = F(j\omega)U_e(j\omega)$$

($F(j\omega)$ ist eine Systemfunktion, die dem komplexen Frequenzgang entspricht)

Schritt 3:
Rücktransformation der Ausgangsgröße in den Zeitbereich gemäß Gleichung (5.4)

$$U_a(t) \rightarrow u_a(t)$$

Einige Bemerkungen zum modifizierten Lösungsplan:

Die Vorschriften für die Transformation aus dem Zeit- in den Frequenzbereich bzw. aus dem Frequenz- in den Zeitbereich liefern die Gl. (5.3) und (5.4). Durch die Transformation vom Zeit- in den Frequenzbereich werden aus Spannungen $u(t)$ bzw. Strömen $i(t)$ komplexe Größen $U(j\omega)$ bzw. $I(j\omega)$. Diese abstrakten „Rechengrößen" sind weder Spannungen noch Ströme. Sie weisen ja nicht einmal die Dimension Volt oder Ampere auf! Man kann diese Größen aber als „Quasispannungen" bzw. „Quasiströme" auffassen, mit denen man wie mit richtigen Spannungen bzw. Strömen hantieren kann. Wegen Gültigkeit der Gl. (5.5) bis (5.7) gestaltet sich die Rechnerei im Frequenzbereich so einfach, wie man das von der „Gleichstromtechnik" her gewohnt ist: Die Bauelementegleichungen für Spule und Kondensator (ursprünglich DGLs) gehen in eine dem Ohmschen Gesetz ähnliche Form über, man kann also mit einem verallgemeinerten Ohmschen Gesetz rechnen. Darüber hinaus kann man auf $U(j\omega)$ bzw. $I(j\omega)$ die Kirchhoffschen Regeln anwenden usw. Eine solche „Rückführung" auf die „Gleichstromtechnik" haben wir schon im Rahmen der Anwendung der komplexen Rechnung kennengelernt, dort allerdings beschränkt auf sinusförmige- bzw. periodische Erregungen und stationäre Zustände (vgl. die Kap. 3 und 4).

Da im Frequenzbereich statt DGLs nur einfache algebraische Gleichungen auftreten, hat der Zusammenhang zwischen der gesuchten Größe $U_a(j\omega)$ und der erregenden Größe $U_e(j\omega)$ im Frequenzbereich folgende Form: $U_a(j\omega) = F(j\omega)U_e(j\omega)$. Der Proportionalitätsfaktor $F(j\omega)$ beinhaltet die Struktur der Schaltung und entspricht dem in Abschn. 3.5 eingeführten komplexen Frequenzgang $G(j\omega)$.

5.4 Lösungsplan

Im vorangegangenen Abschnitt wird dargestellt, wie der Lösungsplan gemäß Abb. 4.4 so modifiziert werden kann, dass Transientenanalysen möglich werden.

In diesem Abschnitt soll das neue Verfahren verdeutlicht werden. Dazu werden zunächst die in den Gl. (5.5) bis (5.7) enthaltenen Informationen noch einmal in Form einer Korrespondenztabelle, siehe Abb. 5.2, übersichtlich zusammengefasst.

Zeitbereich	Frequenzbereich
$u(t)$ $i(t)$	$U(j\omega)$ $I(j\omega)$
d/dt d^2/dt^2 d^3/dt^3 ⋮	$j\omega$ $(j\omega)^2$ $(j\omega)^3$ ⋮
$u = R\,i$ $u = L\,di/dt$ $i = C\,du/dt$	$U(j\omega) = (R)\,I(j\omega)$ $U(j\omega) = (j\omega L)I(j\omega)$ $I(j\omega) = (j\omega C)\,U(j\omega)$ bzw. $U(j\omega) = (1/j\omega C)\,I(j\omega)$ Verallgemeinertes Ohmsches Gesetz: $$\boxed{U(j\omega) = Z(j\omega)I(j\omega)}$$ $Z(j\omega)$ bzw. $Y(j\omega)=1/Z(j\omega)$: Widerstand bzw. Leitwert im Frequenzbereich. $Z_R(j\omega)=R$ bzw. $Z_L(j\omega)=j\omega L$ bzw. $Z_C(j\omega)=1/j\omega C$: Ohmscher Widerstand bzw. Spule bzw. Kondensator im Frequenzbereich.
$\sum_{k=1}^{K} u_k(t) = 0$ $\sum_{k=1}^{K} i_k(t) = 0$	$\sum_{k=1}^{K} U_k(j\omega) = 0$ $\sum_{k=1}^{K} I_k(j\omega) = 0$

Abb. 5.2 Korrespondenztabelle Zeitbereich ↔ Frequenzbereich – Fourier-Transformation

Anschließend wird das neue Lösungsverfahren mittels eines Lösungsplans, siehe Abb. 5.3, visualisiert. Der Plan ist ähnlich aufgebaut wie die bereits in den Kap. 3 und 4 vorgestellten Lösungspläne.

Anschließend wird der neue Lösungsplan noch durch ein Beispiel verdeutlicht.

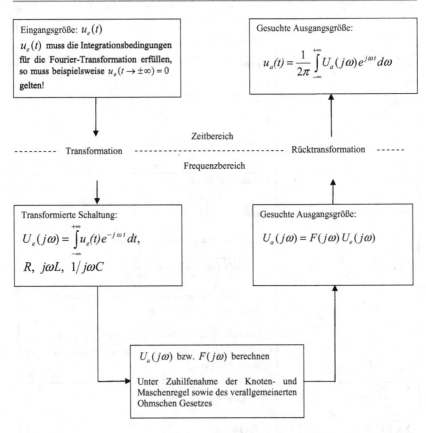

Abb. 5.3 Transientenanalyse von linearen Schaltungen über die Fourier-Transformation, Lösungsplan

Beispiel *RC*-Glied

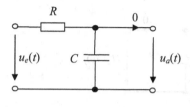

Gegeben:
Die Eingangsspannung $u_e(t)$ mit $\hat{u}_e$, t_1
sowie die Bauelemente R und C

Gesucht:
Die Ausgangsspannung $u_a(t)$

Lösung:

Schritt 1, Transformation in den Frequenzbereich (Eingangsgröße und Schaltung)
Zunächst wird die Eingangsgröße transformiert. Die Transformationsvorschrift liefert Gl. (5.3):

$$U_e(j\omega) = \int\limits_{-\infty}^{+\infty} u_e(t)e^{-j\omega t}\,dt$$

Das Integral kann nun für unsere Eingangsgröße spezifiziert und gelöst werden:

$$U_e(j\omega) = \int\limits_{0}^{t_1} \hat{u}_e e^{-j\omega t}\,dt = \hat{u}_e\left[\frac{1}{-j\omega}e^{-j\omega t}\right]_{0}^{t_1} = \frac{\hat{u}_e}{-j\omega}\left[e^{-j\omega t_1} - 1\right] = \frac{\hat{u}_e}{j\omega}\left[1 - e^{-j\omega t_1}\right]$$

Die in den Frequenzbereich transformierte Schaltung sieht folgendermaßen aus:

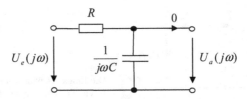

Schritt 2, Rechnen im Frequenzbereich
Die transformierte Schaltung kann nun wegen Gültigkeit der Korrespondenzliste Abb. 5.2 wieder wie eine Gleichstromschaltung behandelt werden, man kann deshalb auch die Spannungsteilerformel anwenden:

$$U_a(j\omega) = \frac{\frac{1}{j\omega C}}{R + \frac{1}{j\omega C}} U_e(j\omega) = \frac{1}{1 + j\omega RC} U_e(j\omega) = F(j\omega) U_e(j\omega)$$

Schritt 3, Fourier-Rücktransformation in den Zeitbereich
Nun wird die im Frequenzbereich ermittelte Ausgangsgröße der Fourier-Rücktransformation unterzogen. Die entsprechende Vorschrift liefert Gl. (5.4):

$$u_a(t) = \frac{1}{2\pi} \int\limits_{-\infty}^{+\infty} U_a(j\omega) e^{j\omega t} d\omega = \frac{1}{2\pi} \int\limits_{-\infty}^{+\infty} F(j\omega) U_e(j\omega) e^{j\omega t} d\omega$$

Wenn man nun die in den vorangegangenen Lösungsschritten ermittelten Ausdrücke für $F(j\omega)$ und $U_e(j\omega)$ in die letzte Gleichung einsetzt, erhält man das Ergebnis:

$$u_a(t) = \frac{1}{2\pi} \int\limits_{-\infty}^{+\infty} F(j\omega) U_e(j\omega) e^{j\omega t} d\omega$$

$$= \frac{1}{2\pi} \int\limits_{-\infty}^{+\infty} \left(\frac{1}{1 + j\omega RC} \cdot \frac{\widehat{u}_e}{j\omega} \left[1 - e^{-j\omega t_1} \right] \right) e^{j\omega t} d\omega$$

Das Integral müsste nun noch gelöst werden, darauf wollen wir hier verzichten. Wenn man die Fourier-Transformation in der Praxis anwendet, werden die im Verlauf der Rechnung auftretenden Integrale sowieso nur selten berechnet. Man benutzt vielmehr Tabellen, in denen fast alle der im Verlauf von Transformationen bzw. Rücktransformationen auftretenden Integrale mit den entsprechenden Lösungen aufgelistet sind. ◄

5.5 Zusammenfassung und Ergänzungen

In diesem Kapitel wird zunächst veranschaulicht, dass auch nichtperiodische Größen einer Fourier-Analyse unterzogen werden können. Damit ergibt sich die Möglichkeit, einen bereits in Kap. 4 vorgestellten Lösungsplan zu erweitern, sodass mit Hilfe der Fourier-Analyse auch Transientenanalysen durchgeführt werden können.

Diese Möglichkeit wird nun aufgegriffen und es wird gezeigt, wie der „alte Lösungsplan" weiter entwickelt werden kann. Man gelangt zu einem Verfahren, es wird kurz als *Fourier-Transformation* bezeichnet, mit dessen Hilfe lineare Schaltungen bei prinzipiell beliebigen Erregungen unter Einschluss instationärer Zustände analysiert werden können.

Dieses Verfahren ist zwar sehr abstrakt und unanschaulich, aber es kann recht formal und schematisiert durchgeführt werden. Auch die im Verlauf des Lösungsprozesses auftretenden schwierigen Integrale stellen keine unüberwindliche Hürde dar. Es existieren Tabellen, aus denen die Lösungen für fast alle auftretenden Integrale einfach entnommen werden können.

Das Verfahren hat aber auch einen großen Nachteil: Es funktioniert nur, wenn die Integrationsbedingungen für die Transformation (vgl. Abschn. 5.2) erfüllt sind. Diese Bedingungen werden von einigen wichtigen Erregungsarten (man denke z. B. an eine Gleichsprungerregung) nicht erfüllt.

Aber auch dafür gibt es selbstverständlich eine Lösung: Durch relativ einfache Modifikationen der Transformationsgleichungen kann dieser Nachteil behoben werden. Im nächsten Kapitel wird erläutert, wie das funktioniert.

Lineare Schaltungen (Widerstände, Spulen, Kondensatoren), beliebige Erregungen, Transientenanalyse, Laplace-Transformation

6

6.1 Einführung

In Abschn. 5.5 wurde auf einige Mängel der Fourier-Transformation aufmerksam gemacht. Besonders unangenehm ist, dass die Fourier-Transformation bei einigen besonders wichtigen Erregungsarten nicht funktioniert. In Kap. 6 wird gezeigt, dass man die Transformationsvorschriften so ändern kann, dass dieser Nachteil behoben wird, ohne dass die Vorteile der Fourier-Transformation verloren gehen. Das auf diese Weise gewonnene neue Analyseverfahren wird als *Laplace-Transformation* bezeichnet.

Die Laplace-Transformation ist ähnlich unanschaulich und abstrakt wie die Fourier-Transformation. Aber sie kann leicht schematisiert werden und sie erlaubt ein „rezeptartiges" Vorgehen. Die Durchführung von Transientenanalysen wird durch dieses Verfahren sehr vereinfacht, deshalb spielt die Laplace-Transformation in der Elektrotechnik eine große Rolle.

6.2 Der Weg zur Laplace-Transformation

Die für die Fourier-Transformation charakteristischen Transformationsgleichungen Gl. (5.3) und (5.4) sollen nun modifiziert werden, um die Schwierigkeiten, insbesondere bei der Behandlung von Gleichsprungerregungen, zu beheben. Man gelangt damit zu „neuen" Transformationsgleichungen, die die Basis für die Laplace-Transformation bilden. Bei den folgenden Betrachtungen wird auf mathematische Strenge verzichtet. Dem Leser dieses Kompendiums soll der mathematische Hintergrund aber zumindest plausibel gemacht werden, um

© Springer Fachmedien Wiesbaden GmbH, ein Teil von Springer Nature 2023
A. Gräßer, *Analyse linearer und nichtlinearer elektrischer Schaltungen*,
https://doi.org/10.1007/978-3-658-41009-4_6

seine Neugier zu befriedigen und um das Verständnis der Laplace-Transformation zu erleichtern. Details können der Spezialliteratur entnommen werden.

Hier zur Erinnerung noch einmal die ursprünglichen Transformationsgleichungen der Fourier-Transformation:

$$u(t) \rightarrow U(j\omega) = \int_{-\infty}^{+\infty} u(t)e^{-j\omega t}dt \quad (5.3) \quad \bigg| \quad U(j\omega) \rightarrow u(t) = \frac{1}{2\pi}\int_{-\infty}^{+\infty} U(j\omega)e^{j\omega t}d\omega \quad (5.4)$$

Modifikationen der Transformationsgleichung (5.3)

Um die Konvergenz des Integrals in Gl. (5.3) (beispielsweise auch für Gleichsprungerregungen) zu sichern, liegt es nahe, in den Integranden einen „Abklingfaktor" $e^{-\sigma t}$ einzufügen. Dabei stellt σ eine reelle Größe, die sogenannte Abklingkonstante, dar. Durch geeignete Wahl von σ kann man erreichen, dass das Integral dann für fast jede Funktion $u(t)$ konvergiert.

Wegen des Einfügens des Abklingfaktors in die Transformationsgleichung werden allerdings die Schwierigkeiten bei der Integration für $t \rightarrow -\infty$ noch verstärkt. Um diese Schwierigkeit zu umgehen, wird die untere Grenze des Integrals von $-\infty$ auf 0 gesetzt.

Durch diese Modifikationen erhält man nun die folgende Gleichung:

$$U(j\omega) = \int_0^{+\infty} u(t)e^{-\sigma t}e^{-j\omega t}dt = \int_0^{+\infty} u(t)e^{-(\sigma+j\omega)t}dt$$

Wenn man jetzt noch die Abkürzung $s = \sigma + j\omega$ einführt und dazu passend $U(j\omega)$ in $U(s)$ umbenennt, erhält man eine Variante der „alten" Transformationsvorschrift. Die Berechnung von $U(s)$ über die folgende Gleichung kann als eine *Transformation von u(t) aus dem Zeitbereich in einen Bildbereich* aufgefasst werden (man spricht hier vom Bildbereich statt vom Frequenzbereich, um eine Abgrenzung von der ursprünglichen Fourier-Transformation zu gewinnen):

$$u(t) \rightarrow U(s) \text{ mit } U(s) = \int_0^{+\infty} u(t)e^{-st}dt \qquad (6.1)$$

Häufig wird auch die Abkürzung $U(s) = L[u(t)]$ benützt!

Diese Transformationsvorschrift wird in der Laplace-Transformation verwendet, deshalb auch die Abkürzung $L[u(t)]$.

Modifikationen der Transformationsgleichung (5.4)
Die Änderungen an Gl. (5.3) bedingen selbstverständlich auch Änderungen an Gl. (5.4). Dazu nun die nächsten mathematischen Betrachtungen.

Wir wollen zunächst Gl. (6.1) „zurückentwickeln", d. h. wir wollen die Exponentialfunktion im Integranden wieder in zwei Anteile zerlegen. Damit gewinnen wir die Gl. (6.1a). Diese Gleichung wird nun mit Gl. (5.3) verglichen:

$$U(s) = \int_{0}^{+\infty} \left[u(t)e^{-\sigma t} \right] e^{-j\omega t} dt \qquad (6.1a) \qquad \Bigg| \qquad U(j\omega) = \int_{-\infty}^{+\infty} \left[u(t) \right] e^{-j\omega t} dt \qquad (5.3)$$

Der Vergleich ergibt: Man kann $U(s)$ als die gemäß Fourier-Transformation in den Frequenzbereich transformierte Funktion $\left[u(t)e^{-\sigma t} \right]$ auffassen. Entsprechend muss dann gemäß der Rücktransformationsgleichung Gl. (5.4) gelten:

$$u(t)e^{-\sigma t} = \frac{1}{2\pi} \int_{-\infty}^{+\infty} U(s)\, e^{j\omega t} d\omega$$

Um die Funktion $u(t)$ zu erhalten, muss $e^{-\sigma t}$ von der linken Seite auf die rechte Seite „verschoben" werden. Wenn man dann noch die schon oben eingeführte Abkürzung $s = \sigma + j\omega$ einfügt, erhält man:

$$u(t) = \frac{1}{2\pi} \int_{-\infty}^{+\infty} U(s)\, e^{\sigma t} e^{j\omega t} d\omega = \frac{1}{2\pi} \int_{-\infty}^{+\infty} U(s)\, e^{(\sigma+j\omega)t} d\omega = \frac{1}{2\pi} \int_{-\infty}^{+\infty} U(s)\, e^{st} d\omega$$

Wegen $s = \sigma + j\omega$ gilt $ds = 0 + jd\omega$ bzw. $d\omega = \left(1/j\right) ds$. Somit kann in obiger Gleichung auch noch $d\omega$ durch $\left(1/j\right) ds$ ersetzt werden. Da nun über ds integriert wird, müssen die Integrationsgrenzen angepasst werden: $\omega = \pm\infty$ muss durch $s = \sigma \pm j\infty$ ersetzt werden. Mit der so gewonnenen Gleichung kann eine *Rücktransformation von $U(s)$ aus dem Bildbereich in den Zeitbereich* durchgeführt werden:

$$U(s) \rightarrow u(t) \text{ mit } u(t) = \frac{1}{2\pi j} \int_{\sigma-j\infty}^{\sigma+j\infty} U(s)e^{st} ds \qquad (6.2)$$

Häufig wird auch die Abkürzung $U(t) = L^{-1}[U(s)]$ benützt!

Damit haben wir die Rücktransformationsvorschrift für die Laplace-Transformation erhalten, darauf soll auch die Abkürzung $L^{-1}[U(s)]$ hindeuten.

Bleiben die Vorteile der Fourier-Transformation erhalten?

Wir haben nun durch formale mathematische Operationen neue Transformationsvorschriften entwickelt. Jetzt muss die Frage geklärt werden, ob diese Vorschriften sinnvoll sind, d. h. ob im Bildbereich DGLs wieder in algebraische Gleichungen übergehen usw. (so wie wir das bereits von der komplexen Rechnung oder der Fourier-Transformation her gewöhnt sind).

Diese Frage kann (das wird den Leser dieses Kompendiums wohl nicht überraschen) mit „ja" beantwortet werden. Es gelten beispielsweise die folgenden Zusammenhänge:

$$\frac{du(t)}{dt} \xrightarrow{\text{Transformation}} s\,U(s) - u(0) \tag{6.3}$$

$$\frac{du^2(t)}{dt^2} \xrightarrow{\text{Transformation}} s^2 U(s) - su(0) - \frac{du(t)}{dt}\bigg|_{t=0} \tag{6.4}$$

$$\frac{du^n(t)}{dt^n} \xrightarrow{\text{Transformation}} s^n\,U(s) - s^{n-1}u(0) - s^{n-2}\frac{du(t)}{dt}\bigg|_{t-0} - \cdots - s^0\frac{d^{n-1}u(t)}{dt^{n-1}}\bigg|_{t-0} \tag{6.5}$$

$$a_1 u_1(t) + a_2 u_2(t) + \cdots \xrightarrow{\text{Transformation}} a_1 U_1(s) + a_2 U_2(s) + \cdots \tag{6.6}$$

Man erkennt: Im Bildbereich gehen Differentiationen nach der Zeit in Multiplikationen mit s über. Zusätzlich enthalten die abgeleiteten Funktionen im Bildbereich aber auch noch die Werte $u(0)$, $du(t)/dt\big|_{t=0}$ usw. Das ist neu gegenüber der Fourier-Transformation, aber nicht verwunderlich, wenn man sich noch an die Ableitung der Gl. (6.1) erinnert.

Im Rahmen dieser Ableitung wird in den Integranden des ursprünglichen Transformationsintegrals ein Abklingfaktor eingefügt, um das Konvergenzverhalten zu verbessern. Wegen dieser Änderung muss (um neue Schwierigkeiten zu umgehen) die untere Grenze des Integrals auf $t = 0$ gesetzt werden. Man berücksichtigt also nur noch die Zeit von $t = 0$ (Schaltzeitpunkt) bis $t \to +\infty$. Die „Vergangenheit" muss deshalb durch Vorgabe der Werte $u(0)$, $du(t)/dt\big|_{t=0}$ usw. berücksichtigt werden. Wie man diese Werte bestimmen kann, wird in Abschn. 6.3 ausführlich erläutert.

Nun wollen wir auch noch andeuten, wie die oben aufgelisteten Zusammenhänge Gl. (6.3) bis (6.6) nachgewiesen werden können.

Die Ableitung der Gl. (6.3) wird uns sehr leicht fallen, wir können analog vorgehen wie beim Beweis der Gl. (5.5) in Abschn. 5.2.

Zunächst wollen wir uns an die Transformation von $u(t)$ gemäß Gl. (6.1) erinnern:

$$u(t) \to U(s) = \int\limits_0^{+\infty} u(t)\, e^{-st} dt$$

Entsprechend kann die Transformation von du/dt formuliert werden:

$$\frac{du(t)}{dt} \to \int\limits_0^{+\infty} \frac{du(t)}{dt} e^{-st} dt \tag{6.7}$$

Über die Anwendung der partiellen Integration $\left(\left(\int u'\, v\, dt = -\int u v'\, dt + uv\right)\right)$ kann nun das Integral oben umgeformt werden:

$$\int\limits_0^{+\infty} \frac{du(t)}{dt} e^{-st} dt = -\int\limits_0^{+\infty} u(t)(-s)e^{-st} dt + \left[u(t)e^{-st}\right]_0^{+\infty} = s \int\limits_0^{+\infty} u(t)e^{-st} dt + \left[u(t)e^{-st}\right]_0^{+\infty}$$

Die eckige Klammer oben wird nach Einsetzen der Grenzen zu $-u(0)$, damit ergibt sich unter Berücksichtigung der Gl. (6.1):

$$\int\limits_0^{+\infty} \frac{du(t)}{dt} e^{-st} dt = s \int\limits_0^{+\infty} u(t)e^{-st} dt - u(0) = sU(s) - u(0)$$

Aus der Transformationsvorschrift Gl. (6.7) und obiger Gleichung ergibt sich:

$$\frac{du}{dt} \to \int\limits_0^{+\infty} \frac{du(t)}{dt} e^{-st} dt = s\, U(s) - u(0)$$

Damit ist Gl. (6.3) auch schon bewiesen!

Die Zusammenhänge Gl. (6.4) und (6.5) können auf die gleiche Art abgeleitet werden. Die Ableitung von Gl. (6.6) ist ganz einfach, man muss nur die Summenregel der Integralrechnung bemühen. Darüber hinaus muss man noch berücksichtigen, dass ein konstanter Faktor im Integranden vor das Integral gezogen werden kann.

6.3   Laplace-Transformation

Im vorangegangenen Abschnitt wurde angedeutet, wie sich aus der Fourier-Transformation die Laplace-Transformation ableitet. Das soll jetzt etwas konkretisiert werden. Wir wollen zunächst eine Übersicht über den „neuen" Lösungsweg vermitteln und anschließend noch einige Besonderheiten erläutern.

Übersicht über den Lösungsweg

Lösungsschritt 1: DGL im Zeitbereich aufstellen
Zuerst muss mit Hilfe der Kirchhoffschen Regeln und der Bauelementegleichungen die DGL für das in Betracht gezogene lineare Übertragungsglied aufgestellt werden. Gemäß Kap. 3, Gl. (3.8), hat die systembeschreibende DGL für ein lineares Übertragungsglied prinzipiell die folgende Form:

$$a_1 u_e(t) + a_2 \frac{du_e(t)}{dt} + a_3 \frac{d^2 u_e(t)}{dt^2} + \cdots = b_1 u_a(t) + b_2 \frac{du_a(t)}{dt} + b_3 \frac{d^2 u_a(t)}{dt^2} + \cdots$$

$$(6.8)$$

$u_e(t)$ ist die Eingangsgröße, $u_a(t)$ die Ausgangsgröße der Schaltung. Die Koeffizienten $a_1, a_2, a_3, ..., b_1, b_2, b_3 .....$ hängen von der Struktur der Schaltung ab.

Lösungsschritt 2: Eingangsgröße und DGL in den Bildbereich transformieren
Die Eingangsgröße wird über Gl. (6.1) transformiert. Als Ergebnis erhält man $U_e(s)$
Die Transformation der DGL in den Bildbereich kann mittels der Gl. (6.3) bis (6.6). geschehen. Die DGL (6.8) geht dabei in die folgende einfachere algebraische Gleichung über:

$$a_1 U_e(s) + a_2 (s U_e(s) - u_e(0)) + a_3 (s^2 U_e(s) - s u_e(0) - \frac{du_e(t)}{dt}\Big|_{t=0}) + \cdots =$$

$$= b_1 U_a(s) + b_2 (s U_a(s) - u_a(0)) + b_3 (s^2 U_a(s) - s u_a(0) - \frac{du_a(t)}{dt}\Big|_{t=0}) + \cdots$$

$$(6.9)$$

Aus dieser Gleichung kann die Ausgangsgröße $U_a(s)$ leicht berechnet werden, vorausgesetzt man hat vorher die Werte $u_e(0), du_e(t)/dt\big|_{t=0}, \cdots, u_a(0), du_a(t)/dt\big|_{t=0}, \cdots$ ermittelt. Wie das bewerkstelligt werden kann, wird etwas später eingehend erläutert.

Lösungsschritt 3:Ausgangsgröße in den Zeitbereich rücktransformieren
Die im Bildbereich ermittelte Ausgangsgröße $U_a(s)$ kann nun mittels Gl. (6.2) in den Zeitbereich rücktransformiert werden, damit erhält man die gesuchte Größe $u_a(t)$.

Noch einige Bemerkungen zum Lösungsweg
Im Rahmen der Lösungsschritte 2 und 3 müssten eigentlich wegen der Transformationsvorschriften Gl. (6.1) und (6.2) schwierige Integrale gelöst werden. Das ist aber in der Praxis nicht nötig. Es existieren umfangreiche Tabellen, in denen praktisch alle der im Verlauf von Transformationen und Rücktransformationen auftretenden Integrale mit den entsprechenden Lösungen aufgelistet sind. Eine solche Tabelle wird in Abschn. 6.4 vorgestellt.

Der Lösungsweg kann vereinfacht werden, wenn die Energiespeicher in der Schaltung zum Schaltzeitpunkt ungeladen sind. Näheres dazu ebenfalls in Abschn. 6.4.

Zustandsgrößen, Anfangswerte, Stetigkeitsbedingung
Etwas weiter oben wurde darauf hingewiesen, dass die Ermittlung der Werte $u_e(0), du_e(t)/dt\big|_{t=0}, \cdots, u_a(0), du_a(t)/dt\big|_{t=0}, \cdots$ im Rahmen der Berechnung von $U_a(s)$ erforderlich ist (Lösungsschritt 2). Um insbesondere die Ermittlung der mit „a" indizierten Größen zu verstehen, müssen noch einige Begriffe und Zusammenhänge erläutert werden, das soll hier geschehen.

Die Einschwingvorgänge nach einem Schaltvorgang (wir wollen immer annehmen, das der Schaltvorgang zum Zeitpunkt $t = 0$ stattfindet) können sehr unterschiedlich verlaufen, sie sind abhängig von der erregenden Größe, der Schaltungsstruktur und den Ladezuständen der in der Schaltung enthaltenen Spulen und Kondensatoren zum Schaltzeitpunkt. Die Ladezustände bzw. Energieinhalte W_L und W_C von Spulen L und Kondensatoren C werden durch die Spulenströme i_L und die Kondensatorspannungen u_C bestimmt, denn es gilt:

$$W_L = \frac{1}{2}L\,i_L(t)^2 \quad \text{bzw.} \quad W_C = \frac{1}{2}C\,u_C(t)^2$$

Die Größen $i_L(t)$ und $u_C(t)$ werden deshalb auch als *Zustandsgrößen* bezeichnet. Die Werte der Zustandsgrößen zum Schaltzeitpunk werden *Anfangswerte* genannt. Im Rahmen einer Transientenanalyse müssen zunächst die Anfangswerte bestimmt werden, mit ihrer Hilfe können dann die für die weitere Berechnung notwendigen Werte $u_a(0), du_a(t)/dt\big|_{t=0}$ usw. bestimmt werden.

Wie kann man nun die Anfangswerte ermitteln? Dazu muss man sich noch einmal die Bauelementegleichungen von Spule und Kondensator vergegenwärtigen, es gelten gemäß der Gl. (1.2) und (1.3) die folgenden Beziehungen:

$$u_L(t) = L\frac{di_L(t)}{dt} \text{ und } i_C(t) = C\frac{du_C(t)}{dt}$$

Aus diesen Gleichungen kann abgeleitet werden, dass ein Stromsprung an der Spule bzw. ein Spannungssprung am Kondensator unmöglich ist. Diese Sprünge würden einen unendlich hohen Wert der jeweiligen Ableitung und damit der Spannung an der Spule bzw. des Stromes durch den Kondensator erfordern. Beides ist aus energetischen Gründen nicht möglich. Aus diesem Sachverhalt heraus kann man die *Stetigkeitsbedingungen* für Spule und Kondensator formulieren, sie lauten:

Spulenströme und Kondensatorspannungen können nur stetig (nicht sprunghaft) verlaufen, deshalb müssen bei Schaltvorgängen die folgenden Bedingungen erfüllt sein: $i_L(0_-) = i_L(0) = i_L(0_+)$ *bzw.* $u_C(0_-) = u_C(0) = u_C(0_+)$.

Dabei symbolisiert $i_C(0_\mp)$ bzw. $u_C(0_\mp)$ den linken bzw. rechten Grenzwert, der sich ergibt, wenn man von $t = \mp\infty$ ausgehend dem Wert $t = 0$ unendlich nahe kommt, ihn aber nicht erreicht bzw. überschreitet.

Mit Hilfe der Stetigkeitsbedingungen können die Anfangswerte bestimmt werden. Es ist nämlich recht einfach, die „kurz" vor dem Schaltvorgang auftretenden Spulenströme und Kondensatorspannungen zu bestimmen. Diese Ströme und Spannungen müssen dann, wegen der Stetigkeitsbedingungen, mit den Anfangswerten identisch sein. In einem Beispiel soll diese Verfahrensweise etwas später noch verdeutlicht werden.

Ermittlung der Ein- und Ausgangsgrößen sowie deren Ableitungen für t = 0

Nach diesen Vorbereitungen soll nun endlich geklärt werden, wie man die für die Laplace-Transformation erforderlichen Größen $u_e(0)$, $du_e(t)/dt\big|_{t=0}, \cdots, u_a(0)$, $du_a(t)/dt\big|_{t=0}, \cdots$ bestimmen kann.

Zunächst zur Bestimmung der mit „e" indizierten Größen:

Die Bestimmung dieser Werte ist einfach, denn sie beziehen sich ja auf die Eingangsgröße, deren zeitlicher Verlauf selbstverständlich als bekannt vorausgesetzt werden kann. Allerdings gibt es eine „Unklarheit": Was ist, wenn sich exakt zum Schaltzeitpunkt eine Eingangsgröße $u_e(t)$ sprungartig ändert, z. B. von 5 V auf 10 V? Gilt dann $u_e(0) = 5V$ oder $u_e(0) = 10V$?

Da die Transformationsvorschrift Gl. (6.1) nur das Zeitintervall ab $t = 0$ bis $t = +\infty$ erfasst, liegt es nahe, immer mit dem rechtsseitigen Grenzwert $u_e(0_+)$ zu rechnen (was man unter diesem Grenzwert versteht, ist bereits oben erläutert worden). Für unser Beispiel bedeutet das: Wir müssen $u_e(0_+) = 10V$ wählen.

In der mathematischen Spezialliteratur kann man nachlesen, dass diese Überlegungen richtig sind. Selbstverständlich gelten die eben angestellten

Überlegungen auch für die Ausgangsgröße und die Ableitungen der Ein- und Ausgangsgröße zum Schaltzeitpunkt. Wir müssen also strenggenommen in den Gl. (6.3), (6.4), (6.5) und (6.9) jede 0 durch 0_+ ersetzen. Ab jetzt soll das auch immer geschehen.

Nun die Bestimmung der mit „a" indizierten Größen:

Oben wird ja beschrieben, wie die Anfangswerte und die Eingangsgrößen sowie deren Ableitungen für $t = 0$ bestimmt werden können. Wenn man diese Größen spezifiziert hat, ergeben sich alle weiteren Spannungen und Ströme in der Schaltung zum Schaltzeitpunkt zwangsläufig bzw. können durch Anwendung der üblichen „elektrotechnischen Rechenregeln" bestimmt werden.

Wie das im Einzelnen gemacht werden kann, soll an Hand eines Beispiels verdeutlicht werden. In diesem Beispiel geht es um die Ermittlung eines Stromes, deshalb wird neben dem Symbol $U(s)$ auch das Symbol $I(s)$ verwendet. Für $I(s)$ gelten selbstverständlich sinngemäß die gleichen Transformationsvorschriften und Rechenregeln wie für $U(s)$.

Beispiel Schwingkreis

Der Schalter S wird zum Zeitpunkt $t = 0$ unendlich schnell umgeschaltet.

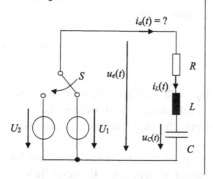

$i_a(t) = ?$

Die DGL für den zu berechnenden Strom $i_a(t)$ sieht folgendermaßen aus:

$$\frac{du_e(t)}{dt} = \frac{1}{C} i_a(t) + R\frac{di_a(t)}{dt} + L\frac{d^2 i_a(t)}{dt^2}$$

Die mit Hilfe der Gleichungen (6.1), (6.3) und (6.4) in den Bildbereich transformierte DGL nimmt folgende Form an:

$$sU_e(s) - u_e(0_+) = \frac{1}{C}I_a(s) + R\big(sI_a(s) - i_a(0_+)\big) +$$

$$+ L\left(s^2 I_a(s) - si_a(0_+) - \frac{di_a(t)}{dt}\bigg|_{t=0_+} \right)$$

Gesucht: $u_e(0_+)$, $i_a(0_+)$, $di_a(t)/dt\big|_{t=0_+}$

Lösung:

Zwecks Ermittlung der gesuchten Größen müssen wir zunächst die Anfangswerte bestimmen. Vor dem Schaltvorgang liegt die Gleichspannung U_1 am Schwingkreis. Da der Kondensator für Gleichströme wie ein offener Schalter wirkt, gelten folgende Zusammenhänge:

$$i_L(t < 0) = 0,\, u_C(t < 0) = U_1$$

Wegen der Stetigkeitsbedingungen gilt deshalb für die Anfangswerte:

$$i_L(0) = 0, u_C(0) = U_1$$

Nun zu den gesuchten Größen $u_e(0_+), i_a(0_+), di_a(t)/dt\big|_{t=0_+}$:

Die Größe $u_e(0_+)$ ergibt sich direkt aus der vorgegebenen Schaltung, es gilt $u_e(0_+) = U_2$.

Die Größe $i_a(0_+)$ ist ebenfalls sehr leicht zu ermitteln, da $i_a(0_+) = i_L(0_+)$ gilt und der Anfangswert $i_L(0)$ bereits bekannt ist. Darüber hinaus gelten die Stetigkeitsbedingungen, sodass wir $i_a(0_+) = 0$ erhalten.

Die Berechnung von $di_a(t)/dt\big|_{t=0_+}$ gestaltet sich etwas aufwendiger. Wir müssen die Kirchhoffsche Maschenregel auf unsere Schaltung für $t = 0_+$ anwenden:

$$u_e(0_+) = R\ i_a(0_+) + L\frac{di_a(t)}{dt}\bigg|_{t=0_+} + u_C(0_+)$$

Da $u_e(0_+) = U_2, i_a(0_+) = 0$ und $u_C(0_+) = U_1$ gelten, folgt aus obiger Gleichung:

$$U_2 = L\frac{di_a(t)}{dt}\bigg|_{t=0_+} + U_1 \text{ bzw. } \frac{di_a(t)}{dt}\bigg|_{t=0_+} = \frac{U_2 - U_1}{L}$$

Damit haben wir alle gesuchten Größen ermittelt! ◀

6.4   Lösungspläne

Im vorangegangenen Abschnitt wurde dargestellt, wie eine Transientenanalyse mittels der Laplace-Transformation prinzipiell durchgeführt werden kann. In diesem Abschnitt wird das Verfahren verdeutlicht. Dazu werden zunächst zwei Korrespondenztabellen vorgestellt.

Abb. 6.1 zeigt eine Tabelle, in der korrespondierende Rechenoperationen im Zeitbereich und im Bildbereich nebeneinander gestellt sind. In dieser Tabelle sind die in den Gl. (6.3) bis (6.6) enthaltenen Informationen noch einmal übersichtlich zusammengefasst. Dieses Bild zeigt übrigens eine bisher noch nicht erwähnte Besonderheit: Wenn die Anfangswerte des in Betracht gezogenen Übertragungsgliedes Null sind, d. h. wenn für alle Spulen bzw. Kondensatoren $i(0) = i(0_+) = 0$ bzw. $u(0) = u(0_+) = 0$ gilt, kann man wieder mit einem verallgemeinerten Ohmschen Gesetz rechnen. Da im Bildbereich auch die Kirch-

	Zeitbereich	Bildbereich Anfangswerte beliebig	Bildbereich Alle Anfangswerte Null
Differentiation	$\dfrac{du(t)}{dt}$	$sU(s) - u(0_+)$	$s\,U(s)$
	$\dfrac{d^2u(t)}{dt^2}$	$s^2U(s) - su(0_+) - \dfrac{du(t)}{dt}\bigg|_{t=0_+}$	$s^2\,U(s)$
	$\dfrac{d^n u(t)}{dt^n}$	$s^n\,U(s) - s^{n-1}u(0_+) -$ $-s^{n-2}\dfrac{du(t)}{dt}\bigg|_{t=0_+} - \cdots - s^0\dfrac{d^{n-1}u(t)}{dt^{n-1}}\bigg|_{t=0_+}$	$s^n\,U(s)$
Bauelemente-gleichungen	$u(t) = R\,i(t)$ $u(t) = L\,di(t)/dt$ $i(t) = C\,du(t)/dt$	$U(s) = R\,I(s)$ $U(s) = sL\,I(s) - L\,i(0_+)$ $I(s) = s\,C\,U(s) - C\,u(0_+)$	$U(s) = R\,I(s)$ $U(s) = sL\,I(s)$ $I(s) = s\,C\,U(s)$ Verallgemeinertes Ohmsches Gesetz: $$\boxed{U(s) = Z(s)I(s)}$$ $Z(s)$ bzw. $Y(s) = 1/Z(s)$: Widerstand bzw. Leitwert Im Bildbereich. $Z_R(s) = R$ bzw. $Z_L(s) = sL$ bzw. $Z_C(s) = 1/sC$: Ohmscher Widerstand bzw. Spule bzw. Kondensator im Bildbereich.
Linearitäts-gesetz	$a_1u_1(t) + a_2u_2(t) + \ldots$	$a_1U_1(s) + a_2U_2(s) + \ldots$	$a_1U_1(s) + a_2U_2(s) + \ldots$
Maschen- und Knotenregel	$\displaystyle\sum_{k=1}^{K} u_k(t) = 0$ $\displaystyle\sum_{k=1}^{K} i_k(t) = 0$	$\displaystyle\sum_{k=1}^{K} U_k(s) = 0$ $\displaystyle\sum_{k=1}^{K} I_k(s) = 0$	$\displaystyle\sum_{k=1}^{K} U_k(s) = 0$ $\displaystyle\sum_{k=1}^{K} I_k(s) = 0$

Weitere Korrespondenzen (Ähnlichkeitssatz, Verschiebungssätze, Faltungssatz usw.) können der Literatur entnommen werden!

Abb. 6.1 Korrespondenztabelle Zeitbereich ↔ Bildbereich – Laplace-Transformation (Auswahl)

Nr.	Zeitbereich $u(t > 0)$	Bildbereich $U(s)$	Voraussetzung für die Konvergenz des „Transformations-Integrals" in Gleichung (6.1) (Re = Realteil)
1	Einheitssprung $\sigma(t) = 1$ (Sprungfunktion von 0 auf den Wert 1)	$\dfrac{1}{s}$	$\operatorname{Re} s > 0$
2	e^{-at}	$\dfrac{1}{s+a}$	$\operatorname{Re}(s+a) > 0$
3	$\dfrac{1}{a}\left(1 - e^{-at}\right)$	$\dfrac{1}{s(s+a)}$	$\operatorname{Re}(s+a) > 0$
4	$\dfrac{1}{a^2}\left(e^{-at} - 1 + at\right)$	$\dfrac{1}{s^2(s+a)}$	$\operatorname{Re}(s+a) > 0$
5	$t e^{-at}$	$\dfrac{1}{(s+a)^2}$	$\operatorname{Re}(s+a) > 0$
6	t^n $(n = 0, 1, 2, \ldots)$	$\dfrac{n!}{s^{n+1}}$	$\operatorname{Re} s > 0$
7	$\cos \omega t$	$\dfrac{s}{s^2 + \omega^2}$	$\operatorname{Re} s > 0$
8	$\sin \omega t$	$\dfrac{\omega}{s^2 + \omega^2}$	$\operatorname{Re} s > 0$
9	$e^{-at} \cos \omega t$	$\dfrac{s+a}{(s+a)^2 + \omega^2}$	$\operatorname{Re}(s+a) > 0$
10	$e^{-at} \sin \omega t$	$\dfrac{\omega}{(s+a)^2 + \omega^2}$	$\operatorname{Re}(s+a) > 0$

In der Literatur findet man umfangreiche Tabellen mit weiteren Korrespondenzen!

Die in der rechten Spalte angegebenen „Konvergenzvoraussetzungen" spielen bei der Ableitung der Korrespondenzen eine wichtige Rolle. Für den „Normalbenützer" der Tabelle (ohne spezielle mathematische Ambitionen) sind diese Informationen aber unerheblich.

Abb. 6.2 Korrespondenztabelle für Funktionen bei Anwendung der Laplace – Transformation (Auswahl)

hoffschen Regeln gelten, kann dann mit den Methoden der Gleichstromtechnik gearbeitet werden, genau wie bei der Anwendung der komplexen Rechnung und der Fourier-Transformation. Das ist natürlich sehr praktisch!

Abb. 6.2 zeigt eine weitere Tabelle. In dieser Tabelle sind korrespondierende Funktionen im Zeitbereich und im Bildbereich nebeneinandergestellt.

Die Bildfunktionen $U(s)$ ergeben sich durch Transformationen der Zeitfunktionen $u(t)$ mit Hilfe der Gl. (6.1). Umgekehrt ergeben sich die Zeitfunktionen $u(t)$ durch Rücktransformationen der Bildfunktionen $U(s)$ mit Hilfe der Gl. (6.2). Der „normale" Anwender der Laplace-Transformation muss deshalb keine schwierigen Integrale lösen, er muss in den Tabellen nur nach den passenden Korrespondenzen suchen. An Hand von Beispielen wird etwas später gezeigt, wie derartige Tabellen anzuwenden sind (man sollte sich bei den unzähligen Mathematikern bedanken, die fast alle in der Praxis auftauchenden Integrale bereits „geknackt" haben!).

Nachdem der Leser sich etwas mit den Korrespondenztabellen vertraut gemacht hat, sollen nun zwei Lösungspläne, mit denen Transientenanalysen sehr schematisch durchgeführt werden können, vorgestellt werden.

Lösungsplan 1 – Anfangswerte beliebig
In Abschn. 6.3 wurde die Transientenanalyse mittels der Laplace-Transformation bereits skizziert. Der Lösungsplan in Abb. 6.3 lehnt sich weitgehend an diese Ausführungen an und sollte deshalb schnell verständlich sein. Lösungsplan 1 ist universell einsetzbar, egal ob alle Anfangswerte Null sind oder ob davon abweichende Anfangswerte vorliegen.

Da im Bildbereich statt DGLs nur algebraische Gleichungen auftreten, hat der Zusammenhang zwischen der gesuchten Größe $U_a(s)$ und der erregenden Größe $U_e(s)$ im Bildbereich die folgende Form: $U_a(s) = G(s)\, U_e(s) + K(s)$. Der Proportionalitätsfaktor $G(s)$ wird *Übertragungsfunktion* genannt. Er beinhaltet die Struktur der Schaltung und entspricht dem in Abschn. 3.5 eingeführten komplexen Frequenzgang $G(j\omega)$ und der in Abschn. 5.3 eingeführten Größe $F(j\omega)$. Die Übertragungsfunktion spielt in der Regelungstechnik und in verwandten Disziplinen eine sehr große Rolle, sozusagen als „Kurzbeschreibung" linearer Übertragungsglieder. Im Faktor $K(s)$ „stecken" die Anfangswerte. Wenn alle Anfangswerte Null sind, gilt auch $K(s) = 0$.

Lösungsplan 2 – alle Anfangswerte identisch Null
Etwas weiter oben wurde an Hand der Korrespondenztabelle Abb. 6.1 gezeigt, dass man im Bildbereich wieder mit den Methoden der Gleichstromtechnik arbeiten kann, wenn alle Anfangswerte Null sind. Diese Erkenntnis ist in Lösungsplan 2 eingeflossen (Abb. 6.4).

Lösungsplan 2 ist ganz analog aufgebaut wie der Lösungsplan 2 für die Analyse von Wechselstromschaltungen (Abb. 3.6) und wie der Lösungsplan für die Fourier-Transformation (Abb. 5.3). Der Plan 2 sollte deshalb leicht verständlich sein.

Nun sollen einige Beispiele folgen, um Unklarheiten zu beseitigen.

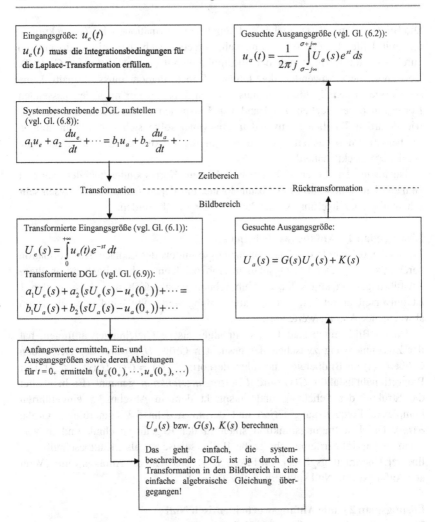

Abb. 6.3 Transientenanalyse von linearen Schaltungen über die Laplace-Transformation, Lösungsplan 1, Anfangswerte beliebig

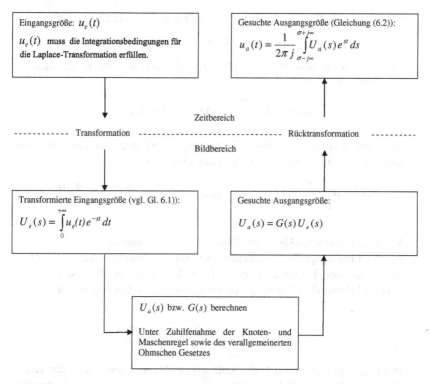

Eingangsgröße: $u_e(t)$

$u_e(t)$ muss die Integrationsbedingungen für die Laplace-Transformation erfüllen.

Gesuchte Ausgangsgröße (Gleichung (6.2)):

$$u_a(t) = \frac{1}{2\pi j} \int_{\sigma-j\infty}^{\sigma+j\infty} U_a(s) e^{st} ds$$

Zeitbereich

----------- Transformation ---------------------------- Rücktransformation ----------

Bildbereich

Transformierte Eingangsgröße (vgl. Gl. 6.1)):

$$U_e(s) = \int_0^{+\infty} u_e(t) e^{-st} dt$$

Gesuchte Ausgangsgröße:

$$U_a(s) = G(s) U_e(s)$$

$U_a(s)$ bzw. $G(s)$ berechnen

Unter Zuhilfenahme der Knoten- und Maschenregel sowie des verallgemeinerten Ohmschen Gesetzes

Abb. 6.4 Transientenanalyse von linearen Schaltungen über die Laplace-Transformation, Lösungsplan 2, Anfangswerte Null

Beispiel *RL*-Glied, sprungförmige Erregung

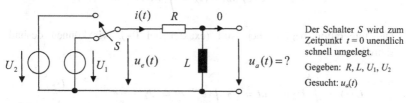

Der Schalter S wird zum Zeitpunkt $t = 0$ unendlich schnell umgelegt.

Gegeben: R, L, U_1, U_2

Gesucht: $u_a(t)$

Lösung:

Da vor dem Schaltzeitpunkt eine Spannung an der Schaltung liegt, sind die Anfangswerte ungleich Null. Deshalb muss Lösungsplan 1 benützt werden.

Schritt 1, Aufstellen der systembeschreibenden DGL

Mit der Kirchhoffschen Maschenregel erhält man folgende Gleichung:

$$u_e(t) = R\,i(t) + u_a(t)$$

Über die Bauelementegleichung für die Spule kann man einen Ausdruck für $i(t)$ gewinnen:

$$u_a(t) = L\frac{di(t)}{dt} \;\to\; i(t) = \frac{1}{L}\int u_a(t)dt$$

$i(t)$ wird nun in die oberste Gleichung eingesetzt, anschließend wird differenziert. Damit erhält man die gewünschte DGL:

$$u_e(t) = R\frac{1}{L}\int u_a(t)dt + u_a(t) \quad \text{bzw.} \quad \frac{du_e(t)}{dt} = \frac{R}{L}u_a(t) + \frac{du_a(t)}{dt}$$

Schritt 2, Eingangsgröße in den Bildbereich transformieren
Bei der Eingangsgröße $u_e(t)$ handelt sich um eine Sprungfunktion ($U_1 \to U_2$). Mit Hilfe des Linearitätsgesetzes (Abb. 6.1) und der Korrespondenz 1 (Abb. 6.2) kann die Eingangsgröße im Bildbereich sofort angegeben werden, es gilt:

$$U_e(s) = \frac{U_2}{s}$$

In diesem sehr einfachen Fall könnte man $U_e(s)$ auch leicht über die Transformationsgleichung (6.1) bestimmen, wir wollen das aus Übungsgründen einmal durchführen.

Zunächst zur Erinnerung noch einmal Gl. (6.1):

$$u(t) \to U(s) \text{ mit } U(s) = \int\limits_0^{+\infty} u(t)\,e^{-st}dt$$

Die Integration beginnt bei Null (exakter bei 0+), wir können deshalb schreiben:

$$U(s) = \int\limits_0^{+\infty} U_2\,e^{-st}\,dt = U_2 \int\limits_0^{+\infty} e^{-st}\,dt = U_2\left[-\frac{1}{s}e^{-st}\right]_0^{\infty} = \frac{U_2}{s}$$

Damit sind wir schon zum erwarteten Ergebnis gelangt. Dabei haben wir für die Abklingkonstante σ (vgl. Abschn. 6.2) stillschweigend $\sigma > 0$ angenommen, sonst würde das Integral nicht konvergieren.

Schritt 3, DGL in den Bildbereich transformieren
Mit Hilfe des Linearitätsgesetzes und der Differentiationsregeln (Abb. 6.1)
kann man die Transformation sofort durchführen, man erhält:

$$sU_e(s) - u_e(0_+) = \frac{R}{L}U_a(s) + sU_a(s) - u_a(0_+)$$

Schritt 4, Anfangswert sowie Ein- und Ausgangsgröße für t = 0_+ ermitteln.
Vor dem Schaltzeitpunkt gilt für den Spulenstrom: $i(t < 0) = U_1/R$ (die Spule
wirkt ja vor dem Schaltvorgang wie ein Kurzschluss!). Wegen der Stetigkeits-
bedingung gilt dann für den „Spulenstrom-Anfangswert" $i(0) = U_1/R$.
Zum Zeitpunkt $t = 0_+$ gilt wegen der sprungförmigen Erregung $u_e(0_+) = U_2$.
Der Spannungsabfall an R nimmt wegen $i(0) = i(0_+) = U_1/R$ den Wert U_1 an.
Nach der Kirchhoffschen Maschenregel muss deshalb $u_a(0_+) = U_2 - U_1$ gelten.

Schritt 5, Ausgangsgröße im Bildbereich berechnen
Die in Schritt 4 ermittelten Werte für $u_e(0_+)$ und $u_a(0_+)$ werden in die transformierte DGL (Schritt 1) eingesetzt, man gelangt zur folgenden Gleichung:

$$sU_e(s) - U_2 = \frac{R}{L}U_a(s) + sU_a(s) - (U_2 - U_1)$$

Damit hat man die Bestimmungsgleichung für $U_a(s)$ ermittelt.
Aus dieser Gleichung kann die gesuchte Größe leicht ermittelt werden,
man erhält:

$$U_a(s) = \frac{s}{s + L/R}U_e(s) - \frac{U_1}{s + L/R} = G(s)\,U_e(s) + K(s)$$

(Zur Erinnerung: $G(s)$ ist die Übertragungsfunktion, sie beschreibt die Struktur
der Schaltung. Über den Faktor $K(s)$ werden die Anfangswerte berücksichtigt. Näheres kann bei den Erläuterungen zu Lösungsplan 1 nachgelesen werden).
In Schritt 2 haben wir bereits unsere Eingangsgröße im Bildbereich
ermittelt, diese Funktion setzen wir in die Gleichung oben ein. Damit haben
wir die gesuchte Größe im Bildbereich vollständig bestimmt:

$$U_a(s) = \frac{s}{s + L/R}\frac{U_2}{s} - \frac{U_1}{s + L/R} = \frac{U_2}{s + L/R} - \frac{U_1}{s + L/R} = \frac{U_2 - U_1}{s + L/R}$$

Schritt 6, Rücktransformation der Ausgangsgröße in den Zeitbereich
Die Rücktransformation kann mit Hilfe des Linearitätsgesetzes (Abb. 6.1) und
der Korrespondenz 2 (Abb. 6.2) erfolgen, man erhält:

$$u_a(t) = (U_2 - U_1)\,e^{-(L/R)t} \blacktriangleleft$$

Beispiel R_1R_2C-Glied, sprungförmige Erregung

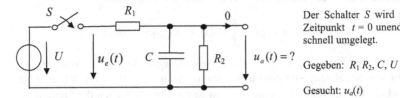

Der Schalter S wird zum Zeitpunkt $t = 0$ unendlich schnell umgelegt.

Gegeben: $R_1\,R_2,\,C,\,U$

Gesucht: $u_a(t)$

Lösung:
Wegen des parallel zum Kondensator liegenden Widerstandes R_2 muss C vor dem Schaltzeitpunkt entladen sein. Der Anfangswert ist also Null, Lösungsplan 2 kann verwendet werden.

Schritt 1, Eingangsgröße in den Bildbereich transformieren
Bei der Eingangsgröße $u_e(t)$ handelt es sich um eine Sprungfunktion ($0 \to U$). Mit Hilfe des Linearitätsgesetzes (Abb. 6.1) und der Korrespondenz 1 (Abb. 6.2) kann die Eingangsgröße im Bildbereich sofort angegeben werden, es gilt:

$$U_e(s) = \frac{U}{s}$$

Schritt 2, Ausgangsgröße im Bildbereich berechnen
Da der „Kondensatorspannungs-Anfangswert" Null ist, kann man mit den Methoden der Gleichstromtechnik rechnen, z. B. mit der Spannungsteilerformel:

$$U_a(s) = \frac{\frac{1}{\frac{1}{R_2}+sC}}{R_1 + \frac{1}{\frac{1}{R_2}+sC}}\,U_e(s) = \frac{1}{R_1\left(\frac{1}{R_2} + sC\right) + 1}\,U_e(s) = G(s)\,U_e(s)$$

($G(s)$ ist die Übertragungsfunktion unseres $R_1R_2\,C$-Gliedes)
Wenn man jetzt für $U_e(s)$ den im vorangegangenen Schritt ermittelten Ausdruck in die obere Gleichung einsetzt, erhält man:

$$U_a(s) = \frac{1}{R_1\left(\frac{1}{R_2} + sC\right) + 1} \cdot \frac{U}{s} = \frac{1}{\frac{R_1+R_2}{R_2} + sR_1C} \cdot \frac{U}{s} = \frac{U}{R_1C}\,\frac{1}{\left(\frac{R_1+R_2}{R_1R_2C} + s\right)s}$$

Schritt 3, Rücktransformation der Ausgangsgröße in den Zeitbereich
Mit dem Linearitätsgesetz (Abb. 6.1) und der Korrespondenz 3 (Abb. 6.2) kann die Rücktransformation vorgenommen werden und man erhält die gesuchte Größe:

$$u_a(t) = \frac{R_2 U}{R_1 + R_2}\left(1 - e^{-\frac{t}{\tau}}\right) \quad mit \quad \tau = \frac{R_1 R_2 C}{R_1 + R_2} \blacktriangleleft$$

Beispiel $R_1 R_2 L$-Glied, sprungförmige Erregung

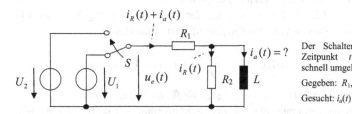

Der Schalter S wird zum Zeitpunkt $t = 0$ unendlich schnell umgelegt.

Gegeben: R_1, R_2, L, U_1, U_2

Gesucht: $i_a(t)$

Lösung:
Da vor dem Schaltzeitpunkt eine Spannung an der Schaltung liegt, sind die Anfangswerte ungleich Null. Deshalb muss Lösungsplan 1 benützt werden.

Schritt 1, Aufstellen der systembeschreibenden DGL
Mit der Kirchhoffschen Maschenregel erhält man folgende Gleichung:

$$u_e(t) = R_1(i_R(t) + i_a(t)) + L\frac{di_a(t)}{dt}$$

Da die Spannungen an R2 und L identisch sein müssen, kann man schreiben:

$$i_R(t)R_2 = L\frac{di_a(t)}{dt} \quad bzw. \quad i_R(t) = \frac{L}{R_2}\frac{di_a(t)}{dt}$$

Wenn man nun $i_R(t)$ in die oberste Gleichung einsetzt, erhält man die gesuchte DGL:

$$u_e(t) = R_1\left(\frac{L}{R_2}\frac{di_a(t)}{dt} + i_a(t)\right) + L\frac{di_a(t)}{dt} \quad \text{bzw.} \quad u_e(t) = R_1\, i_a(t) + L\frac{R_1 + R_2}{R_2}\frac{di_a(t)}{dt}$$

Schritt 2, Eingangsgröße in den Bildbereich transformieren
Bei der Eingangsgröße $u_e(t)$ handelt sich um eine Sprungfunktion $(U_1 \to U_2)$.
Mit Hilfe des Linearitätsgesetzes (Abb. 6.1) und der Korrespondenz 1 (Abb. 6.2)
kann die Eingangsgröße im Bildbereich sofort angegeben werden, es gilt:

$$U_e(s) = \frac{U_2}{s}$$

Schritt 3, DGL in den Bildbereich transformieren
Mit Hilfe des Linearitätsgesetzes und der Differentiationsregeln (Abb. 6.1)
kann man die Transformation sofort durchführen, man erhält:

$$U_e(s) = R_1 I_a(s) + L\frac{R_1 + R_2}{R_2}(sI_a(s) - i_a(0_+))$$

Schritt 4, Anfangswert sowie Ausgangsgröße für $t = 0_+$ ermitteln.
Vor dem Schaltzeitpunkt gilt für den Spulenstrom: $i_a(t < 0) = U_1/R_1$ (die
Spule wirkt ja vor dem Schaltvorgang wie ein Kurzschluss!). Wegen der Stetig-
keitsbedingung gilt dann für den „Spulenstrom-Anfangswert" $i_a(0) = U_1/R_1$.
Wegen der Stetigkeitsbedingung gilt dann auch $i_a(0_+) = U_1/R_1$.

Schritt 5, Ausgangsgröße im Bildbereich berechnen
Der in Schritt 4 ermittelte Wert für $i_a(0_+)$ wird in die transformierte DGL
(Schritt 3) eingesetzt, man gelangt zur folgenden Gleichung:

$$U_e(s) = R_1 I_a(s) + L\frac{R_1 + R_2}{R_2}\left(sI_a(s) - \frac{U_1}{R_1}\right)$$

Aus dieser Gleichung kann die gesuchte Größe ermittelt werden, man erhält
nach einigen Zwischenrechnungen:

$$I_a(s) = \frac{1}{R_1 + sL\frac{R_1 + R_2}{R_2}}U_e(s) + \frac{LU_1\frac{R_1 + R_2}{R_1 R_2}}{R_1 + sL\frac{R_1 + R_2}{R_2}}$$

Nach einigen weiteren Umformungen erhält man schließlich:

$$I_a(s) = \frac{R_2}{L(R_1 + R_2)} \cdot \frac{1}{\frac{R_1 R_2}{L(R_1+R_2)} + s} \cdot U_e(s) + \frac{U_1}{R_1} \cdot \frac{1}{\frac{R_1 R_2}{L(R_1+R_2)} + s} = G(s)\, U_e(s) + K(s)$$

($G(s)$ ist die Übertragungsfunktion unseres $R_1 R_2 L$-Gliedes, $K(s)$ berücksichtigt den Anfangswert)

In Schritt 2 haben wir bereits unsere Eingangsgröße im Bildbereich ermittelt, diese Funktion setzen wir in die Gleichung oben ein. Damit haben wir die gesuchte Größe im Bildbereich vollständig bestimmt:

$$I_a(s) = \frac{R_2 U_2}{L(R_1 + R_2)} \cdot \frac{1}{\left(\frac{R_1 R_2}{L(R_1+R_2)} + s\right)s} + \frac{U_1}{R_1} \cdot \frac{1}{\frac{R_1 R_2}{L(R_1+R_2)} + s}$$

Schritt 6, Rücktransformation der Ausgangsgröße in den Zeitbereich
Mit dem Linearitätsgesetz (vgl. Abb. 6.1) und den Korrespondenzen 2 und 3 (vgl. Abb. 6.2) kann die Rücktransformation vorgenommen werden und man erhält die gesuchte Größe:

$$i_a(t) = \frac{U_2}{R_1}\left(1 - e^{-\frac{t}{\tau}}\right) + \frac{U_1}{R_1}e^{-\frac{t}{\tau}} = \frac{U_2}{R_1} + e^{-\frac{t}{\tau}}\left(\frac{U_1 - U_2}{R_1}\right) \quad \text{mit} \quad \tau = \frac{L(R_1 + R_2)}{R_1 R_2} \quad \blacktriangleleft$$

Beispiel RC-Glied, linear ansteigende Erregung

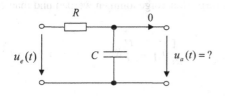

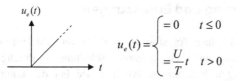

Gegeben: R, C, U, T

Gesucht: $u_a(t)$

$$u_e(t) = \begin{cases} = 0 & t \leq 0 \\ = \frac{U}{T}t & t > 0 \end{cases}$$

Lösung:
Da vor dem Schaltzeitpunkt keine Spannung an der Schaltung liegt, sind die Anfangswerte identisch Null. Deshalb kann Lösungsplan 2 benützt werden.

Schritt 1, Eingangsgröße in den Bildbereich transformieren
Bei der Eingangsgröße $u_e(t)$ handelt sich für $t > 0$ um eine linear ansteigende Funktion. Mit Hilfe des Linearitätsgesetzes (Abb. 6.1) und der Korrespondenz 6 (Abb. 6.2) kann die Eingangsgröße im Bildbereich ermittelt werden, es gilt:

$$U_e(s) = \frac{U}{T} \frac{1}{s^2}$$

Schritt 2, Ausgangsgröße im Bildbereich berechnen
Da der „Kondensatorspannungs-Anfangswert" Null ist, kann man mit den Methoden der Gleichstromtechnik rechnen, z. B. mit der Spannungsteilerformel:

$$U_a(s) = \frac{\frac{1}{sC}}{\frac{1}{sC} + R} U_e(s) = \frac{1}{1 + sRC} U_e(s) = G(s)U_e(s)$$

($G(s)$ ist die Übertragungsfunktion unseres RC-Gliedes)
Wenn man jetzt für $U_e(s)$ den im vorangegangenen Schritt ermittelten Ausdruck in die obere Gleichung einsetzt, erhält man:

$$U_a(s) = \frac{U}{T} \frac{1}{(1 + sRC)} \frac{1}{s^2} = \frac{U}{TRC} \frac{1}{(1/RC + s)s^2}$$

Schritt 3, Rücktransformation der Ausgangsgröße in den Zeitbereich
Mit dem Linearitätsgesetz (vgl. Abb. 6.1) und der Korrespondenz 4 (vgl. Abb. 6.2) kann die Rücktransformation vorgenommen werden und man erhält die gesuchte Größe:

$$u_a(t) = \frac{U}{TRC} \frac{1}{\left(1/RC\right)^2} \left(e^{-\frac{t}{RC}} - 1 + \frac{1}{RC}t \right) = \frac{U}{T}RC \left(e^{-\frac{t}{RC}} - 1 + \frac{1}{RC}t \right) \blacktriangleleft$$

6.5 Zusammenfassung und Ergänzungen

In diesem Kapitel wird die Laplace-Transformation abgeleitet. Mit Hilfe dieses Verfahren können Transientenanalysen linearer Schaltungen durchgeführt werden, bei nahezu beliebigen Erregungen. Ähnlich wie bei der komplexen Rechnung und der Fourier-Transformation werden dabei Transformationen durchgeführt, dadurch gehen DGLs in einfache algebraische Gleichungen über und der Rechenaufwand wird geringer.

Das Verfahren ist allerdings ziemlich abstrakt und die Transformationsvorschriften beinhalten schwierig zu berechnende Integrale. Trotzdem spielt die Laplace-Transformation in der Elektrotechnik und in verwandten Gebieten eine große Rolle. Dafür sind im Wesentlichen zwei Gründe maßgebend:

- Das Verfahren kann sehr schematisch, ja fast rezeptartig, durchgeführt werden. Entsprechende Lösungspläne werden in diesem Kapitel vorgestellt.
- Es existieren sogenannte Korrespondenztabellen, in denen Rechenregeln und Funktionen im Zeit- und Bildbereich nebeneinandergestellt sind. Der Anwender der Laplace-Transformation braucht deshalb normalerweise die in den Transformationsvorschriften enthaltenen Integrale nicht zu lösen, seine Arbeit beschränkt sich auf die Suche nach passenden Korrespondenzen.

In Kap. 6 sind Auszüge aus derartigen Korrespondenztabellen aufgeführt, um zu demonstrieren, wie man diese Tabellen prinzipiell einsetzen kann. Wenn man die Laplace-Transformation ernstlich betreiben will, muss man auf umfangreichere Tabellen zurückgreifen. Darüber hinaus muss man sich weitere Rechenregeln aneignen (Ähnlichkeitssatz, Verschiebungssätze, Faltungssatz usw.). In vielen Fällen ist die Bildfunktion auch so aufgebaut, dass sie sich in Partialbrüche zerlegen lässt. Für die Rücktransformation der einzelnen Partialbrüche existieren meist geeignete Korrespondenzen. Mittels des Linearitätsgesetzes kann dann die gesuchte Größe im Zeitbereich gebildet werden.

Für den Leser dieses Kompendiums, der die Grundlagen der Laplace-Transformation verstanden hat, ist es bestimmt kein Problem, sich diese Dinge anzueignen. Es gibt viele Bücher und Internetseiten, die dabei hilfreich sein können.

Lineare Schaltungen (Widerstände, Spulen, Kondensatoren), beliebige Erregungen, Transientenanalyse, Euler-Verfahren

7.1 Einführung

In den Kap. 5 und 6 wurden die Fourier- und Laplace-Transformation abgeleitet und erläutert. Mit diesen Verfahren können Transientenanalysen von linearen Schaltungen durchgeführt werden.

In Kap. 7 wird nun ein weiteres Verfahren mit einem ähnlichen Einsatzgebiet vorgestellt. Es handelt sich dabei um das *Euler-Verfahren*. Mittels des Euler-Verfahrens können, in Verbindung mit dem Knotenpotenzial-Verfahren und dem Gauß-Algorithmus, Transientenanalysen von linearen Schaltungen durchgeführt werden. Die Schaltungen dürfen Widerstände, Spulen, Kondensatoren sowie Spannungs- und Stromquellen mit nahezu beliebigen zeitlichen Spannungs- und Stromverläufen enthalten.

Das Verfahren ist sehr einfach zu verstehen und ziemlich universell einsetzbar. Das klingt alles sehr gut, aber es gibt natürlich einen „Pferdefuß". Es handelt sich dabei um ein *numerisches Verfahren*. Derartige Verfahren benötigen sehr viele (wenn auch einfache) Rechenschritte, man nähert sich der Lösung iterativ, d. h. schrittweise, ohne die exakte Lösung jemals zu erreichen.

Ein solches Verfahren kann man also offensichtlich nicht mehr „per Hand" durchführen, wie beispielsweise die Laplace-Transformation, man benötigt einen PC und ein entsprechendes Programm.

Aber ist das wirklich ein Nachteil? Einen PC hat fast jeder und die entsprechende Software könnte man sogar selber entwickeln. Letzteres ist aber gar nicht nötig, man kann sich Simulationsprogramme für elektrische Schaltungen kostenlos herunterladen. Derartige Programme beinhalten u. a. das Euler-Verfahren.

© Springer Fachmedien Wiesbaden GmbH, ein Teil von Springer Nature 2023
A. Gräßer, *Analyse linearer und nichtlinearer elektrischer Schaltungen*,
https://doi.org/10.1007/978-3-658-41009-4_7

Nun noch das Argument mit der Genauigkeit: Da ein PC bekanntermaßen schnell ist, kann er sehr viele Schritte in einer angemessenen Zeit durchführen, die Lösung kann deshalb der exakten Lösung beliebig nahe kommen. Warum sollte man sich nun mit dem Euler-Verfahren auseinandersetzen? Man kann Simulationsprogramme ja auch benützen, ohne zu wissen wie sie funktionieren. Das ist richtig, aber man kann die Programme viel besser einsetzen und die Ergebnisse besser deuten, wenn „Hintergrundkenntnisse" vorhanden sind. Außerdem sollte ein Student der Elektrotechnik oder verwandter Gebiete schon wissen, wie solche Programme prinzipiell aufgebaut sind, auch im Hinblick auf die Entwicklung anderer Simulationsprogramme, in denen ähnliche Methoden verwendet werden können.

Nun noch ein Hinweis: Wegen der Einbindung des Knotenpotenzial-Verfahrens in das Euler-Verfahren wird in den nächsten Abschnitten immer mit Leitwerten und Stromquellen (anstatt mit Widerständen und Spannungsquellen) gerechnet. In Kap. 2 ist das Knotenpotenzial-Verfahren ja ausführlich beschrieben, gegebenenfalls sollte der Leser dieses Kapitel noch einmal überfliegen, um sich das Wesentliche ins Gedächtnis zurückzurufen.

7.2   Ersatzschaltbilder für Spule und Kondensator

Das Euler-Verfahren ist ziemlich leicht zu verstehen, das wird zumindest in der Einführung behauptet. Das ist aber tatsächlich wahr, man verwendet einen ganz einfachen Trick: Die ursprünglich durch Differentialgleichungen beschriebenen Zusammenhänge zwischen Spannung und Strom an Spule (Gl. 1.2) und Kondensator (Gl. 1.3) werden durch Differenzengleichungen angenähert. Daraus können Ersatzschaltbilder für diese Elemente abgeleitet werden, die nur aus Widerständen und Stromquellen bestehen. Man erreicht damit eine Rückführung von Schaltungen mit Energiespeichern auf einfachste Widerstands- bzw. Leitwert-Schaltungen. Letztere können dann mit dem leicht programmierbaren Knotenpotenzial-Verfahren analysiert werden.

Wir wollen zunächst die neuen Ersatzschaltbilder für die Spule und den Kondensator ableiten.

Ableitung eines Spulen-Ersatzschaltbildes für den Zeitpunkt t_n
Der exakte Zusammenhang zwischen der Spannung an einer Spule und dem Strom durch diese Spule, speziell für den Zeitpunkt t_n formuliert, sieht folgendermaßen aus:

$$u(t_n) = L \frac{di(t)}{dt}\bigg|_{t=t_n}$$

Wenn man es nicht so genau nimmt, kann man in der obigen Spulengleichung di durch die Differenz von zwei aufeinanderfolgenden Funktionswerten für die Zeitpunkte t_n und t_{n-1} ersetzen. Dann muss man selbstverständlich auch dt durch das Zeitintervall $\Delta t = t_n - t_{n-1}$ substituieren. Damit gelingt der Übergang von der Differentialgleichung zur Differenzengleichung:

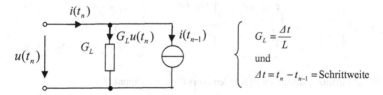

$$u(t_n) \approx L \frac{i(t_n) - i(t_{n-1})}{\Delta t}$$

Man sieht sofort, dass die Differenzengleichung der exakten Gleichung umso genauer entspricht, je kleiner die Schrittweite Δt gewählt wird.

Wenn man die Abkürzung $G_L = \Delta t / L$ (G_L hat die Dimension eines Leitwertes) einführt, kann die obige Näherungsgleichung auch folgendermaßen formuliert werden:

$$u(t_n) \approx \frac{L}{\Delta t} i(t_n) - \frac{L}{\Delta t} i(t_{n-1}) = \frac{1}{G_L} i(t_n) - \frac{1}{G_L} i(t_{n-1})$$

Obige Gleichung kann nach $i(t_n)$ aufgelöst werden, man erhält:

$$i(t_n) \approx G_L u(t_n) + i(t_{n-1})$$

Aus der letzten Gleichung kann schließlich das in Abb. 7.1 dargestellte Ersatzschaltbild der Spule für den Zeitpunkt t_n abgeleitet werden. Das Ersatzschaltbild

Abb. 7.1 Ersatzschaltbild einer Spule L für den Zeitpunkt t_n

gibt die durch die obige Gleichung beschriebene Aufteilung des Stromes i (t_n) in die Teilströme $G_L u(t_n)$ und i (t_{n-1}) exakt wieder.

Ableitung eines Kondensator-Ersatzschaltbildes für den Zeitpunkt t_n

Der exakte Zusammenhang zwischen der Spannung an einem Kondensator und dem Strom durch diesen Kondensator, speziell für den Zeitpunkt t_n formuliert, sieht folgendermaßen aus:

$$i(t_n) = C \frac{du(t)}{dt}\bigg|_{t=t_n}$$

Diese Gleichung kann man wieder, genau wie oben für die Spule beschrieben, durch eine Differenzengleichung annähern:

$$i(t_n) \approx C \frac{u(t_n) - u(t_{n-1})}{\Delta t}$$

Mit der Abkürzung $G_C = C / \Delta t$ (G_C hat die Dimension eines Leitwertes) kann nun geschrieben werden:

$$i(t_n) \approx \frac{C}{\Delta t} u(t_n) - \frac{C}{\Delta t} u(t_{n-1}) = G_C u(t_n) - G_C u(t_{n-1})$$

Aus der letzten Gleichung ergibt sich dann das in Abb. 7.2 dargestellte Ersatzschaltbild für den Kondensator.

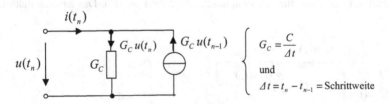

Abb. 7.2 Ersatzschaltbild eines Kondensators für den Zeitpunkt t_n

7.3 Euler-Verfahren

Wie kann man nun mit Hilfe der in Abschn. 7.2 erworbenen neuen Kenntnisse Schaltungsanalysen durchführen? Wir wollen das zunächst prinzipiell erläutern, anschließend sollen mittels eines Beispiels Details geklärt werden.

Prinzipielle Vorgehensweise

Mit Hilfe der eben entwickelten Ersatzschaltbilder für Spule und Kondensatoren können Schaltungen, die Spulen und Kondensatoren enthalten, in einfachere Widerstandsschaltungen umgewandelt werden. Allerdings taucht in diesen Schaltungen neben der aktuellen Zeit t_n auch die „Vergangenheit" t_{n-1} auf. D. h., wenn für den Zeitpunkt t_n das Knotenpotenzial-Verfahren und der Gauß-Algorithmus angewendet werden sollen, müssen alle Spulenströme und alle Kondensatorspannungen vom vorherigen Zeitpunkt t_{n-1} bekannt sein. Deshalb ist bei der Analyse derartiger Schaltungen ein schrittweises Vorgehen notwendig.

Das Schaltbild muss zunächst für den Zeitpunkt $t_1 = t_0 + 1 \cdot \Delta t$ spezifiziert werden. Dabei soll t_0 der Zeitpunkt des Beginns der Analyse sein (diesen Zeitpunkt kann man auch als Schaltzeitpunkt auffassen). Für diesen Augenblick müssen die *Anfangswerte* bekannt sein, das sind gemäß Abschn. 6.3 die Spulenströme und die Kondensatorspannungen zum Zeitpunkt t_0. Im Allgemeinen geht man von $t_0 = 0$ aus.

Mit den Anfangswerten kann das Ersatzschaltbild für den Zeitpunkt t_1 vollständig spezifiziert werden, sodass mit Hilfe des Knotenpotenzial-Verfahrens und des Gauß-Algorithmus alle Knotenspannungen, die gesuchte Ausgangsgröße sowie alle Spulenströme und Kondensatorspannungen berechnet werden können. Die neu berechneten Spulenströme und Kondensatorspannungen (gültig für den Zeitpunkt t_1) müssen abgespeichert werden, sie werden für den folgenden Schritt benötigt.

Anschließend wird die Schaltung nacheinander für die Zeitpunkte $t_2 = t_0 + 2 \cdot \Delta t$, $t_3 = t_0 + 3 \cdot \Delta t$ usw. berechnet. Die Vorgehensweise ist dabei immer genau wie im ersten Schritt. Zur Spezifizierung der jeweiligen Ersatzschaltbilder werden die im vorangegangenen Schritt berechneten Spulenströme und Kondensatorspannungen herangezogen. Nach einer vorgegebenen Anzahl von Schritten kann das Verfahren abgebrochen werden.

Die berechnete Ausgangsgröße liegt bei diesem Verfahren selbstverständlich nur für diskrete Zeitpunkte $t_1, t_2, \ldots$ vor. Wenn man die Schrittweite Δt klein genug wählt, ist eine quasikontinuierliche und genügend genaue Darstellung der gesuchten Größe möglich.

Beispiel

Anhand des folgenden Beispiels soll nun die Vorgehensweise bei der Schaltungsanalyse mit dem Euler-Verfahren verständlicher dargestellt werden.
Beispiel Reihenschwingkreis:

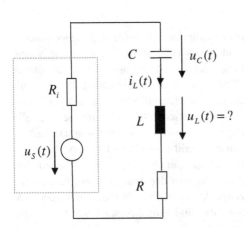

Gegeben:
R, L, C, Anfangswerte $u_C(t_0), i_L(t_0)$
Spannungsquelle $u_S(t)$ mit R_i
$u_S(t)$-Verlauf mit $\hat{u}, t_0, T$

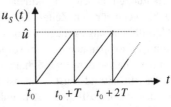

Gesucht:
Verlauf von $u_L(t)$ für $t_0 \leq t \leq t_{end}$

Vorbereitungsschritte für die Lösung

- Spannungsquelle mit Innenwiderstand durch äquivalente Stromquelle ersetzen
  (vgl. Abb. 2.1).
- Widerstand R durch Leitwert $G = 1/R$ ersetzen.
- Spule und Kondensator durch Ersatzschaltbilder gemäß Abb. 7.1 und 7.2 ersetzen.
- Den Stromquellen werden zunächst noch keine Werte zugeordnet.
- Bezugsknoten wählen, Knoten nummerieren.
- Schrittweite wählen, z. B. $t_{end}/1000$.

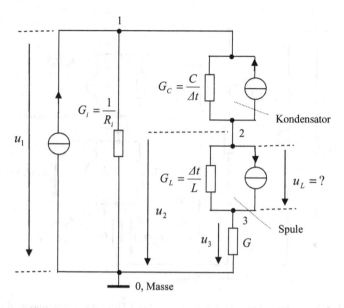

Lösungsschritt 1 $(t_1 = t_0 + 1 \cdot \Delta t)$:

- Ersatzschaltbild für den Zeitpunkt t_1 spezifizieren.
  Der Wert der Eingangsspannung für den Zeitpunkt $t_1, u_S(t_1)$ kann einer Wertetabelle entnommen oder über die Sägezahnfunktion berechnet werden. $i_L(t_0)$ bzw. $u_C(t_0)$ sind die Anfangswerte der Spule bzw. des Kondensators.

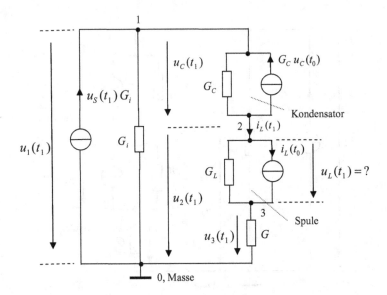

- Knotenspannungen $u_1(t_1), u_2(t_1), u_3(t_1)$ mit Hilfe des Knotenpotenzial-Verfahrens und des Gauß-Algorithmus berechnen.
- Gesuchte Größe berechnen: $u_L(t_1) = u_2(t_1) - u_3(t_1)$.
- Gesuchte Größe plotten:

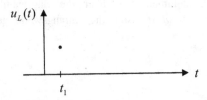

- Strom durch die Spule berechnen: $i_L(t_1) = G_L(u_2(t_1) - u_3(t_1)) + i_L(t_0)$.
- Spannung am Kondensator berechnen: $u_C(t_1) = u_1(t_1) - u_2(t_1)$.

Die für den Zeitpunkt t_1 berechneten Größen $i_L(t_1)$ und $u_C(t_1)$ werden zur Spezifizierung des Ersatzschaltbildes für den Zeitpunkt t_2 (Lösungsschritt 2) als „neue Anfangswerte" benötigt.

Lösungsschritt 2 ($t_2 = t_0 + 2 \cdot \Delta t$):

- Ersatzschaltbild für den Zeitpunkt t_2 spezifizieren.
  Der Wert der Eingangsspannung für den Zeitpunkt t_2, $u_S(t_2)$ kann einer Wertetabelle entnommen oder über die Sägezahnfunktion berechnet werden. $i_L(t_1)$ bzw. $u_C(t_1)$ sind die im vorangegangenen Lösungsschritt berechneten „neuen Anfangswerte".

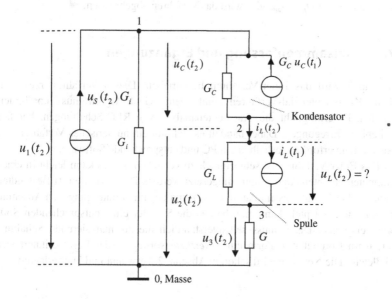

- Knotenspannungen $u_1(t_2)$, $u_2(t_2)$, $u_3(t_2)$ mit Hilfe des Knotenpotenzialverfahrens und des Gauß-Algorithmus berechnen.
- Gesuchte Größe berechnen: $u_L(t_2) = u_2(t_2) - u_3(t_2)$.
- Gesuchte Größe plotten:

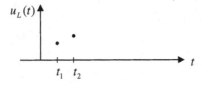

- Strom durch die Spule berechnen: $i_L(t_2) = G_L(u_2(t_2) - u_3(t_2)) + i_L(t_1)$.
- Spannung am Kondensator berechnen: $u_C(t_2) = u_1(t_2) - u_2(t_2)$.

Die für den Zeitpunkt t_2 berechneten Größen $i_L(t_2)$ und $u_C(t_2)$ werden für die Spezifizierung des Ersatzschaltbildes für den Zeitpunkt t_3 (Lösungsschritt 3) als „neue Anfangswerte" benötigt.

Lösungsschritt 3, 4, …, n ($t_3 = t_0 + 3 \cdot \Delta t, t_4 = t_0 + 4 \cdot \Delta t, \cdots\cdots, t_n = t_0 + n \cdot \Delta t$)*:*
Das Verfahren wird, wie in den Lösungsschritten 1 und 2 beschrieben, weitergeführt. Wenn $t_n > t_{end}$ gilt, wird das Verfahren abgebrochen. ◀

7.4   Zusammenfassung und Ergänzungen

In Kap. 7 wird das Euler-Verfahren beschrieben. Dieses Verfahren muss mit dem Knotenpotenzial-Verfahren und dem Gauß-Algorithmus kombiniert werden. Es ermöglicht die Transientenanalyse von RLC-Schaltungen, bei fast beliebigen Erregungen. Dabei handelt es sich um ein numerisches Verfahren, die Anwendung erfordert deshalb einen PC und entsprechende Software.

Das Euler-Verfahren ist sehr einfach zu verstehen und es kann leicht in einen computergerechten Algorithmus umgesetzt werden. Das Verfahren ist Bestandteil nahezu aller Schaltungssimulatoren. An Hand des im vorangegangenen Abschnitt behandelten Beispiels kann man bereits die Struktur einer entsprechenden Software erkennen. Dabei muss selbstverständlich die zu analysierende Schaltung intern im Computer in Form einer *Netzliste* vorliegen (der Leser erinnert sich vielleicht: Die Netzliste wird schon in Abschn. 2.2 erwähnt und kurz erläutert).

Nichtlineare Schaltungen (Widerstände, Dioden), gleichförmige Erregungen, Newton-Rhapson-Verfahren

8

8.1 Einführung

In allen vorangegangenen Kapiteln haben wir uns mit der Analyse linearer Schaltungen beschäftigt. In diesem Kapitel wollen wir einen Schritt weiter gehen, wir wollen erstmals nichtlineare Schaltungen in Betracht ziehen. Dabei werden wir uns auf ganz einfache Schaltungen, die aus Widerständen, Dioden und Quellen bestehen, beschränken. Das ist vielleicht nicht allzu aufregend, derartige Schaltungen sind ja seltene Spezialfälle. Aber wir werden in Kap. 9 sehen, dass wir das Verfahren mit anderen Methoden kombinieren können, sodass die Analyse nahezu beliebiger Schaltungen möglich wird.

Der Leser ahnt es sicherlich bereits: Die Analyse nichtlinearer Schaltungen ist, wenn man von ganz einfachen Schaltungen einmal absieht, nur mit numerischen Verfahren möglich. In Kap. 7 haben wir ja bereits ein erstes numerisches Verfahren, das Euler-Verfahren, vorgestellt. Jetzt werden wir ein zweites Verfahren dieser Art kennen lernen. Es handelt sich dabei um das *Newton-Rhapson-Verfahren*. Mit Hilfe dieses Verfahrens können, in Verbindung mit dem Knotenpotenzial-Verfahren und dem Gauß-Algorithmus, auch umfangreiche nichtlineare Schaltungen analysiert werden.

Wir betrachten im Folgenden ausschließlich Schaltungen, die Widerstände und Dioden enthalten. Dabei stehen die Dioden stellvertretend für viele andere nichtlineare Bauelemente. Die Ausführungen können leicht auf nichtlineare Widerstände unterschiedlichster Art, auf Varistoren usw., übertragen werden.

© Springer Fachmedien Wiesbaden GmbH, ein Teil von Springer Nature 2023
A. Gräßer, *Analyse linearer und nichtlinearer elektrischer Schaltungen*,
https://doi.org/10.1007/978-3-658-41009-4_8

8.2   Schnittpunktmethode, Newton-Rhapson-Verfahren

In diesem Abschnitt sollen zwei grafische Methoden zur Analyse nichtlinearer Schaltungen vorgestellt werden, die Schnittpunktmethode und die grafische Version des Newton-Rhapson-Verfahrens. Wir wollen uns bei der Erläuterung dieser Verfahren immer auf das im Folgenden dargestellte extrem einfache Beispiel beziehen.

Beispiel Diodenschaltung:

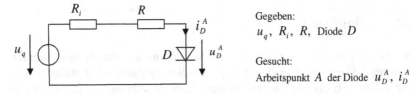

Gegeben:

u_q, R_i, R, Diode D

Gesucht:

Arbeitspunkt A der Diode u_D^A, i_D^A

Um uns das Leben noch weiter zu erleichtern, wollen wir in den folgenden Ausführungen auch nur idealisierte Dioden gemäß Abb. 8.1 in Betracht ziehen.

Grafische Lösung mit Hilfe der Schnittpunktmethode

Im Rahmen der Elektrotechnik-Ausbildung wird normalerweise nur erläutert, wie man ganz einfache Schaltungen mit nur einem nichtlinearen Bauelement mittels

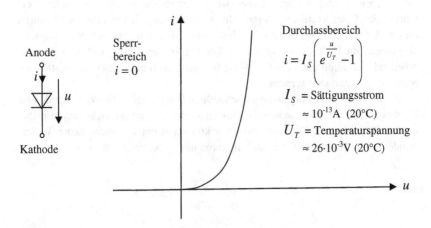

Durchlassbereich

$$i = I_S \left(e^{\frac{u}{U_T}} - 1 \right)$$

I_S = Sättigungsstrom

$\approx 10^{-13}$A (20°C)

U_T = Temperaturspannung

$\approx 26 \cdot 10^{-3}$V (20°C)

Abb. 8.1   Diodenkennlinie (idealisiert)

der Schnittpunktmethode analysieren kann. Wir wollen diese Methode als Vorbereitung für das Newton-Rhapson-Verfahren kurz erläutern.

Man kann unsere obige Beispiels-Diodenschaltung in einen linearen Teil (links) und einen nichtlinearen Teil (rechts) aufgliedern:

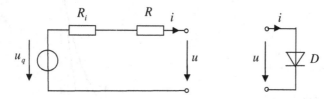

Der Zusammenhang zw. i und u des linearen Teils kann mit Hilfe der Kirchhoffschen Regeln schnell gewonnen werden:

$$u = u_q - (R_i + R)i \rightarrow i = \frac{u_q - u}{R_i + R}$$

Der Zusammenhang zwischen i und u des nichtlinearen Teils wird gemäß Abb. 8.1 über eine Exponentialfunktion beschrieben.

Wenn man nun beide Zusammenhänge in einem Diagramm als Kurve darstellt, ergibt sich der gesuchte Arbeitspunkt A als Schnittpunkt beider Kurven und damit ist das Problem auch schon gelöst. Man kann die gesuchten Größen u_D^A und i_D^A einfach „ablesen".

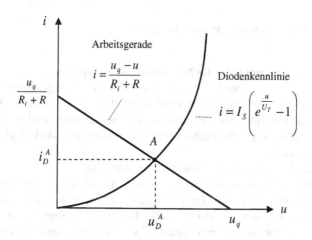

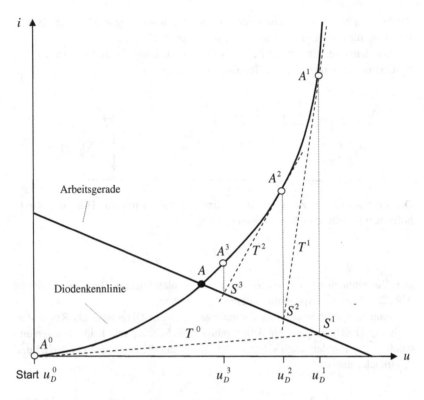

Abb. 8.2   Prinzip des Newton-Rhapson-Verfahrens

Grafische Lösung mit Hilfe des Newton-Rhapson-Verfahrens

Nun soll eine weitere Methode zur Lösung unserer Beispielsaufgabe Diodenschaltung (siehe oben) vorgestellt werden. Der Lösungsweg soll an Hand von Abb. 8.2 und mit Hilfe des anschließenden Textes erläutert werden. Der Leser dieses Kompendiums sollte deshalb Bild und Text (wenn möglich) gleichzeitig vor Augen haben.

Hier nun die versprochenen Erläuterungen zum Bild:

Zunächst wird ein beliebiger *„Startpunkt"* A^0 auf der Diodenkennlinie als Arbeitspunkt deklariert. Man kann z. B. mit $A^0(u_D^0 = 0)$ beginnen. Dann wird an die Diodenkennlinie im Punkt A^0 die Tangente T^0 gelegt. Diese Tangente schneidet die Arbeitsgerade in S^1. Durch S^1 wird nun eine vertikale Linie gelegt, die die Diodenkennlinie in $A^1(u_D^1)$ schneidet.

Jetzt wird die beschriebene Prozedur wiederholt, allerdings vom neuen Arbeitspunkt A^1 ausgehend. Dort wird eine Tangente T^1 angelegt, die die Arbeitsgerade in S^2 schneidet. Die durch S^2 gelegte vertikale Linie schneidet nun die Diodenkennlinie in $A^2(u_D^2)$.

Diese Prozedur wird fortgesetzt, man gelangt zum neuen Arbeitspunkt $A^3(u_D^3)$. Man könnte nun fortfahren und Arbeitspunkte $A^4(u_D^4)$,$A^5(u_D^5)$ usw. erzeugen. Man erkennt, dass sich die neuen Arbeitspunkte immer mehr (und ziemlich schnell) dem exakten Arbeitspunkt A nähern. Gleichzeitig rücken die neu erzeugten Arbeitspunkte immer enger zusammen. Wenn die ermittelten Arbeitspunkte genügend eng aneinander gerückt sind, kann das Verfahren abgebrochen werden.

Das grafisch/numerische Newton-Rhapson-Verfahren wirkt kompliziert und man sieht zunächst keinen Vorteil gegenüber der Schnittpunktmethode. Aber man kann die eben an Hand von Abb. 8.2 dargestellte Vorgehensweise auch mathematisch formulieren und damit für ein Simulationsprogramm „qualifizieren".

8.3 Mathematische Formulierung des Newton-Rhapson-Verfahrens

Um das Newton-Rhapson-Verfahren mathematisch formulieren zu können, müssen wir zunächst die in Abb. 8.2 eingezeichneten Tangenten T^0, T^1, ..., durch Gleichungen beschreiben. Anschließend kann der Lösungsprozess gemäß Abb. 8.2 in eine mathematische Form überführt werden.

Tangentengleichungen
Die Tangenten T^m ($m = 0$, 1, 2, ...) sind durch einfache Geraden-Gleichungen darstellbar. Bei Verwendung der Punkt-Steigungsform können die Tangenten folgendermaßen beschrieben werden:

$$i - i_D^m = G_D^m(u - u_D^m) \tag{8.1}$$

Dabei sind i_D^m, u_D^m die Koordinaten des Arbeitspunktes A^m und G_D^m ist die Steigung der Diodenkennlinie im Arbeitspunkt A^m.

i_D^m kann man wegen des exponentiellen Zusammenhangs mit u_D^m (vgl. Abb. 8.1) auch durch folgenden Ausdruck ersetzen:

$$i_D^m = I_S\left(e^{\frac{u_D^m}{U_T}} - 1\right) \tag{8.2}$$

Die Steigung G_D^m kann über die Ableitung der Diodenkennlinie gewonnen werden:

$$G_D^m = \frac{d}{du}\left[I_S\left(e^{\frac{u}{U_T}} - 1\right)\right]\Bigg|_{u=u_D^m} = \frac{I_S}{U_T}e^{\frac{u_D^m}{U_T}} \tag{8.3}$$

Wenn man den Ausdruck Gl. (8.2) in die Tangentengleichung Gl. (8.1) einsetzt und diese Gleichung anschließend nach i aufgelöst, erhält man folgenden Zusammenhang:

$$i = G_D^m u + I_S\left(e^{\frac{u_D^m}{U_T}} - 1\right) - G_D^m u_D^m$$

Mit der Abkürzung

$$I_D^m = I_S\left(e^{\frac{u_D^m}{U_T}} - 1\right) - G_D^m u_D^m$$

erhält die Tangentengleichung wieder eine einfachere Form:

$$i = G_D^m u + I_D^m \tag{8.4}$$

Über Gl. (8.4) wird die Aufteilung eines Stromes i in die Teilströme $G_D^m u$ und I_D^m beschrieben. Ein Ersatzschaltbild, welches diesen Zusammenhang widerspiegelt, zeigt Abb. 8.3.

Alle möglichen i, u Paare, die auf der Tangente am Arbeitspunkt $A^m\left(u_D^m\right)$ liegen, werden durch die Tangentengleichung und das Ersatzschaltbild gleichermaßen beschrieben.

Computergerechte Umsetzung des Newton-Rhapson-Verfahrens
Wir wollen nun wieder unser Beispiel Diodenschaltung (Quelle, Widerstand, Diode, siehe oben) aufgreifen und andeuten, wie man den Arbeitspunkt der Diode mit Hilfe eines Simulationsprogrammes berechnen könnte. Das Verständnis des Lösungsweges wird erleichtert, wenn man sich parallel zu den folgenden Ausführungen neben der Diodenschaltung immer Abb. 8.2 vor Augen hält.

Vorbereitungsschritte für die Lösung

- Wahl des Startpunktes A^0. Im Beispiel wird $u_D^0 = 0$ gewählt.
- Spannungsquelle mit Innenwiderstand in der Diodenschaltung durch äquivalente Stromquelle ersetzen:

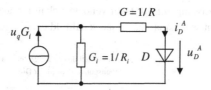

- Es muss noch ein Abbruchfaktors ε vereinbart werden (Erklärung folgt unten).

Lösungsschritt 1 (Ermittlung von u_D^1):

Gemäß Abb. 8.2 ist u_D^1 über den Schnittpunkt der Tangente T^0 mit der Arbeits-geraden definiert. Deshalb kann man u_D^1 über eine Schaltung berechnen, die sich aus dem linearen Teil der Beispielsschaltung und dem Ersatzschaltbild der Tangente T^0(vgl. Abb. 8.3) zusammensetzt.

Linearer Teil der   Ersatzschaltbild der Tangente T^0 am
Diodenschaltung   Arbeitspunkt $A^0\left(u_D^{\,0}\right)$ der Diode

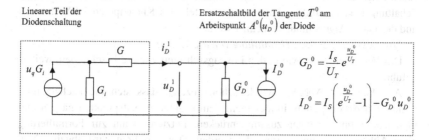

In der obigen Schaltung sind alle Elemente bekannt. Im Vorbereitungsschritt wurde $u_D^0 = 0$ gewählt, damit können die Größen G_D^0 und I_D^0 berechnet werden.

An Hand des Schaltbildes kann nun mittels des Knotenpotenzial-Verfahrens und des Gauß-Algorithmus u_D^1 berechnet werden.

Lösungsschritt 2 (Ermittlung von u_D^2):

Gemäß Abb. 8.2 ist u_D^2 über den Schnittpunkt der Tangente T^1 mit der Arbeits-geraden definiert. Deshalb kann man u_D^2 über eine Schaltung berechnen, die

$$ \text{mit } G_D^{\,m} = \frac{I_S}{U_T} e^{\frac{u_D^{\,m}}{U_T}}, \quad I_D^{\,m} = I_S \left(e^{\frac{u_D^{\,m}}{U_T}} - 1 \right) - G_D^{\,m} u_D^{\,m} $$

Abb. 8.3 Ersatzschaltbild für die Tangente T^m am Arbeitspunkt $A^m\left(u_D^{\,m}\right)$

ähnlich wie die in Lösungsschritt 1 verwendete Schaltung aussieht. Der einzige Unterschied: Man muss diesmal das Ersatzschaltbild der Tangente T^1 verwenden.

Linearer Teil der
Diodenschaltung

Ersatzschaltbild der Tangente T^1 am
Arbeitspunkt $A^1\left(u_D^1\right)$ der Diode

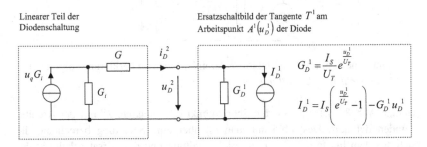

Zur Spezifizierung der Größen G_D^1 und I_D^1 wird diesmal der im vorangegangenen Lösungsschritt berechnete Wert u_D^1 verwendet. Damit sind alle Größen in der Schaltung bekannt und u_D^2 kann wieder mittels des Knotenpotenzial-Verfahrens und des Gauß-Algorithmus berechnet werden.

Lösungsschritt 3, 4, ... (Ermittlung von u_D^3, u_D^4 ...):

Das Verfahren wird, wie in den Lösungsschritten 1 und 2 beschrieben, weitergeführt.

An Hand von Abb. 8.2 wurde schon gezeigt, dass sich die nacheinander ermittelten Arbeitspunkte immer mehr dem exakten Arbeitspunkt A nähern und gleichzeitig immer enger zusammenrücken. Letzteres kann zur Formulierung einer Abbruchbedingung verwendet werden. Das Verfahren wird abgebrochen, wenn folgende Bedingung gilt: $\left|u_D^m - u_D^{m-1}\right| \leq \varepsilon$. Der *Abbruchfaktor* ε wird je nach Genauigkeitsansprüchen mehr oder weniger klein gewählt.

Verallgemeinerung des Verfahrens

Wenn man das eben erläuterte Verfahren auf eine Schaltung mit mehreren Dioden anwenden will, ist die Vorgehensweise prinzipiell genau wie schon beschrieben. Nur die in jedem Lösungsschritt erzeugte Schaltung ist etwas komplexer. Sie besteht aus dem linearem Teil und den daran angefügten Ersatzschaltbildern für jede einzelne Diode. Abb. 8.4 zeigt das für den Lösungsschritt m gültige Ersatzschaltbild für eine Schaltung mit n Dioden. Die Größen G_{Di}^{m-1}, I_{Di}^{m-1} ($i = 1, 2, 3$ ...n) werden dabei mit den im Lösungsschritt $m - 1$ berechneten Spannungen u_{Di}^{m-1} spezifiziert. Auf die im Lösungsschritt m erzeugte lineare Schaltung kann wieder das Knotenpotenzial-Verfahren und der Gauß-Algorithmus angewendet werden, die aktuellen Spannungen u_{Di}^m können berechnet werden usw.

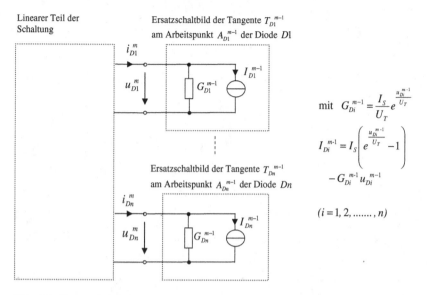

Abb. 8.4 Ersatzschaltbild einer Schaltung mit n Dioden für Lösungsschritt m

8.4 Zusammenfassung und Ergänzungen

In Kap. 8 wird das Newton-Rhapson-Verfahren beschrieben. Dieses Verfahren muss, ähnlich wie das Euler-Verfahren, mit dem Knotenpotenzial-Verfahren und dem Gauß-Algorithmus kombiniert werden. Es ermöglicht dann die Analyse nichtlinearer Schaltungen ohne Energiespeicher. Beim Newton-Rhapson-Verfahren handelt es sich wieder um ein numerisches Verfahren, die Anwendung erfordert deshalb einen PC und entsprechende Software.

Auch das Newton-Rhapson-Verfahren kann leicht in einen computergerechten Algorithmus umgesetzt werden. Das Verfahren ist deshalb Bestandteil nahezu aller Schaltungssimulatoren. An Hand des in Abschn. 8.3 behandelten Beispiels kann man erkennen, wie eine entsprechende Software in etwa aussehen könnte.

Nichtlineare Schaltungen (beliebige Bauelemente), beliebige Erregungen, Transientenanalyse, Euler- und Newton-Rhapson- Verfahren

9

9.1 Einführung

In den vorangegangenen Kapiteln wurde der Leser dieses Kompendiums mit dem Euler- und dem Newton-Rhapson-Verfahren konfrontiert. Mit Hilfe des Euler-Verfahrens können Transientenanalysen von linearen Schaltungen durchgeführt werden. Das Newton-Rhapson-Verfahren gestattet die Analyse von Schaltungen, die nichtlineare Bauelemente, z. B. Dioden, enthalten können.

Der Gedanke liegt nahe, beide Verfahren zu „verheiraten", sodass Transientenanalysen von Schaltungen möglich werden, die neben Widerständen, Spulen, Kondensatoren auch Dioden, enthalten können. In diesem Kapitel wird dieser Gedanke aufgegriffen und ein entsprechendes Verfahren entwickelt.

Darüber hinaus wird noch gezeigt, dass man das „Kombiverfahren" relativ leicht erweitern kann, sodass auch andere Bauelemente (z. B. Transistoren) in die Schaltungsanalyse einbezogen werden können. Diese Möglichkeit wird dadurch eröffnet, dass man viele Bauelemente durch Modelle ersetzen kann, die aus elementaren, d. h. für die beschriebenen Analyseverfahren „kompatiblen" Bauelementen bestehen.

9.2 Kombination von Euler- und Newton-Rhapson-Verfahren

Wenn eine Schaltung analysiert werden soll, die neben Widerständen, Spulen und Kondensatoren auch Dioden enthält, kann man zunächst das Euler-Verfahren (vgl. Kap. 7) anwenden. D. h. man kann für den Zeitpunkt t_1 eine Schaltung erzeugen, die nur noch aus Widerständen bzw. Leitwerten, Dioden und

© Springer Fachmedien Wiesbaden GmbH, ein Teil von Springer Nature 2023
A. Gräßer, *Analyse linearer und nichtlinearer elektrischer Schaltungen*,
https://doi.org/10.1007/978-3-658-41009-4_9

Stromquellen besteht (Spulen und Kondensatoren sind ja durch Ersatzschaltbilder substituiert worden, vgl. die Abb. 7.1 und 7.2). Die ursprüngliche Schaltung ist damit für das Newton-Rhapson-Verfahren (vgl. K 8) „tauglich" gemacht worden. Mit Hilfe dieses Verfahrens (in Kombination mit dem Knotenpotenzial-Verfahren und dem Gauß-Algorithmus) können alle Knotenspannungen, die gesuchten Größen sowie alle für den nächsten Lösungsschritt erforderlichen Systemgrößen für den Zeitpunkt t_1 berechnet werden.

Nun wird das Verfahren wiederholt: Die im vorangegangenem Schritt mit Hilfe des Euler-Verfahrens erzeugte Schaltung wird für den Zeitpunkt t_2 spezifiziert Anschließend kann wieder das Newton-Rhapson-Verfahren angewendet werden, sodass man alle Knotenspannungen, die gesuchten Größen sowie alle für den nächsten Lösungsschritt erforderlichen Systemgrößen für den Zeitpunkt t_2 ermitteln kann.

In gleicher Weise „hangelt" man sich dann vorwärts, man ermittelt die gewünschten und für den nächsten Schritt notwendigen Größen für die Zeitpunkte $t_3, t_4, t_5, \cdots$. Wenn die Schrittweite passend gewählt wird, können auf diese Weise die gesuchten Größen genügend genau ermittelt werden. Nach einer vorgegebenen Zeit wird das Verfahren abgebrochen.

Nach dieser Beschreibung soll nun das Verfahren über zwei Darstellungen verdeutlicht werden. Das Verständnis dieser Darstellungen dürfte nicht schwerfallen, wenn man das Euler- und Newton-Rhapson-Verfahren verstanden hat und sich die zugrunde liegenden Prinzipien immer wieder vor Augen führt.

Bei den folgenden Darstellungen handelt es sich um Anlehnungen an Nassi-Shneiderman-Diagramme, die auch als Struktogramme bezeichnet werden. Der Autor geht davon aus, dass diese Darstellungen dem Leser bekannt sind. Aber selbst wenn das nicht der Fall sein sollte: Die Darstellungen sind eigentlich selbsterklärend. In unserem Fall werden ja nur Anweisungsblöcke sowie einfache Wiederholungsstrukturen mit nachfolgenden Bedingungsprüfungen verwendet. Näheres kann beispielsweise Wikipedia entnommen werden.

Man erkennt an Hand der folgenden Darstellungen, dass ein Simulationsprogramm gar nicht so kompliziert sein muss. Wer etwas Erfahrung mit Programmiersprachen wie C, C++, Java o. ä. hat, kann sich bestimmt gut vorstellen, wie ein solches Programm aussehen müsste. Aber „professionelle Simulationsprogramme" sind selbstverständlich sehr umfangreich und komplex. Dort werden zwar die hier erläuterten Verfahren eingesetzt, aber zusätzlich werden viele mathematische Methoden integriert, die der Steigerung der Geschwindigkeit und der Genauigkeit dienen. So werden beispielsweise viele „Tricks" zur schnelleren Bewältigung der Matrix-Operationen eingebaut. Ferner wird keine konstante Schrittweite Δt verwendet, die Schrittweite wird vielmehr an die Änderungen der berechneten Größen pro Zeiteinheit angepasst (wenn schnelle zeitliche Änderungen absehbar sind, wird die Schrittweite verkleinert und umgekehrt). Ferner wird das Euler-Verfahren mit dem BDF-Verfahren (Backward Differentiation Formula) kombiniert. Dabei wird nach einer Anlaufrechnung durch mehrere schon berechnete Stützpunkte eine Kurve gelegt. Mit Hilfe dieser Kurve kann dann der nächste Stützpunkt schneller und genauer berechnet werden.

Programmstruktur Transientenanalyse mittels Euler- und Newton-Rhapson-Verfahren, Vorbereitungsschritte

Knotenpotenzial-Verfahren vorbereiten:
Alle Spannungsquellen durch äquivalente Stromquellen ersetzen (vgl. Abb. 2.1).
Bezugsknoten wählen, restliche Knoten nummerieren.

Euler-Verfahren vorbereiten:
Zeitbereich (t_0 ..... t_{end}) für die Transientenanalyse wählen.
Schrittweite Δt wählen.
Anfangswerte $i_{L1}(t_0)$, $i_{L2}(t_0)$, ... , $u_{C1}(t_0)$, $u_{C2}(t_0)$, ... für alle Spulen und Kondensatoren wählen.
Alle Spulen und Kondensatoren durch Ersatzschaltbilder gemäß Abb. 7.1, Abb. 7.2 ersetzen
(den Stromquellen in diesen Ersatzschaltbildern werden noch keine Werte zugeordnet).

Newton-Raphson-Verfahren vorbereiten:
Alle Dioden durch Ersatzschaltbilder gemäß Abb. 8.3 ersetzen.
(den Leitwerten und Stromquellen in diesen Ersatzschaltbildern werden noch keine Werte zugeordnet).
Allen Dioden Startpunkte bzw. vorläufige Arbeitspunkte u_{D1}^{0}, u_{D2}^{0}, ... zuordnen.
Abbruchfaktor ε wählen

$n = 0$

Zur Erinnerung: Mittels des Euler-Verfahrens und des Newton-Rhapson-Verfahrens werden die ursprünglichen Schaltbilder in Ersatzschaltbilder umgewandelt, die ausschließlich aus Stromquellen und Leitwerten bestehen und die dann mit dem Knotenpotenzialverfahren und dem Gauß-Algorithmus analysiert werden können.

Wie könnte nun die Struktur eines Simulationsprogramms für eine Transientenanalyse unter Einschluss nichtlinearer Bauelemente prinzipiell aussehen? Im folgenden wird der Versuch unternommen, eine solche Struktur über zwei Darstellungen (Struktogramme) zu verdeutlichen.

Das Verständnis dieser Darstellungen dürfte nicht schwerfallen, wenn man das Euler- und das Newton-Rhapson-Verfahren verstanden hat und sich die zugrunde liegenden Prinzipien immer wieder vor Augen führt.

Programmstruktur Transientenanalyse mittels Euler- und Newton-Rhapson-Verfahren

Die *kursiv* dargestellten Anteile im Diagramm beziehen sich auf das Newton-Rhapson-Verfahren und könnten entfallen, wenn die zu analysierende Schaltung keine Dioden enthält.

$n = n + 1, \quad t_n = t_0 + n\,\Delta t$

Werte der erregenden Stromquellen für den Zeitpunkt t_n ermitteln (aus Gleichungen oder Wertetabellen).

Werte der Stromquellen in den Ersatzschaltbildern aller Spulen und Kondensatoren spezifizieren. Im ersten Schritt über die Anfangswerte, in den folgenden Schritten über die jeweils im vorangegangenen Schritt ermittelten Spulenströme und Kondensator-spannungen, vgl. Abb. 7.1, Abb. 7.2.

$m = 0$

$m = m + 1$

Werte der Stromquellen und Leitwerte in den Ersatzschaltbildern aller Dioden spezifizieren, vgl. Abb. 8.3. Im ersten Schritt über die Startpunkte $u_{D1}{}^{0}$, $u_{D2}{}^{0}$, ... In den Folgeschritten über die jeweils im vorangegangenen Schritt ermittelten Arbeitspunkte $u_{D1}{}^{m-1}$, $u_{D2}{}^{m-1}$, ...

Alle Knotenspannungen mit Hilfe des Knotenpotenzial-Verfahrens und des Gauß-Algorithmus berechnen.

Alle aktuellen Diodenspannungen $u_{D1}{}^{m}$, $u_{D2}{}^{m}$, ... berechnen.

Abbruchbedingung prüfen.
Die Abbruchbedingung ist erfüllt, wenn für alle Dioden Di (i = 1, 2, ...) die folgende Bedingung erfüllt ist:

$$\left| u_{Di}{}^{m} - u_{Di}{}^{m-1} \right| < \varepsilon$$

Wiederholen, solange die Abbruchbedingung nicht erfüllt ist

Gesuchte Größe u_{aus} bzw. i_{aus} über die Knotenspannungen berechnen und plotten:

$t_0 \ t_1 \ t_2 \ t_3 \ t_4$ - - - -

Wenn $t_n < t_{end}$:

Alle Spulenströme und alle Kondensatorspannungen berechnen (diese Größen werden als „neue Anfangswerte" für den Folgeschritt benötigt).

Wiederholen, solange die Bedingung $t_n < t_{end}$ erfüllt ist

9.3 Modellbildung

Im vorigen Abschnitt wurde erläutert, wie ein Simulationsprogramm für eine Transientenanalyse prinzipiell funktionieren könnte. Dabei werden nur Schaltungen in Betracht gezogen, die Quellen, Widerstände, Spulen, Kondensatoren und Dioden enthalten dürfen.

Wie kann man nun weitere Bauelemente, z. B. Operationsverstärker oder Transistoren, in eine Transientenanalyse einbinden? Die Lösung dieses Problems ist wieder ganz einfach: Fast alle nichtelementaren Bauelemente können auf Modelle, d. h. Ersatzschaltbilder, zurückgeführt werden, die nur aus Quellen, Widerständen, Spulen, Kondensatoren und Dioden bestehen. Derartige Modelle können dann relativ leicht in die bereits beschriebenen Verfahren eingebunden werden.

Ein Operationsverstärker kann z. B. über eine einfache Schaltung modelliert werden, die aus Widerständen und einer durch die Eingangsspannung gesteuerten Quelle besteht. Dieses Grundmodell kann selbstverständlich durch Hinzufügen weiterer Elemente verfeinert werden.

Als Beispiel soll jetzt etwas ausführlicher dargestellt werden, wie man einen Transistor modellieren kann. Das Grundmodell eines NPN-Transistors besteht aus einer Diode und einer gesteuerten Stromquelle:

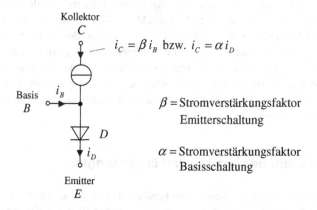

Kollektor
C

$i_C = \beta\, i_B$ bzw. $i_C = \alpha\, i_D$

Basis
B i_B

$\beta = $ Stromverstärkungsfaktor
Emitterschaltung

D

i_D

$\alpha = $ Stromverstärkungsfaktor
Basisschaltung

Emitter
E

Dieses einfache Modell ist selbstverständlich ziemlich unzureichend. Beim realen Transistor kann die Steuerspannung beispielsweise zwischen Basis und Emitter (Vorwärtsbetrieb) oder zwischen Basis und Kollektor (Rückwärtsbetrieb) gelegt werden. Beim einfachen Modell oben wird nur der Vorwärtsbetrieb berücksichtigt. Wie dieser Mangel recht einfach behoben werden kann, wird im nächsten Bild gezeigt.

Links im Folgenden Bild findet man das Modell für den Vorwärtsbetrieb, in der Bildmitte ist das entsprechende Modell für den Rückwärtsbetrieb zu sehen und rechts sieht man eine Kombination beider Modelle.

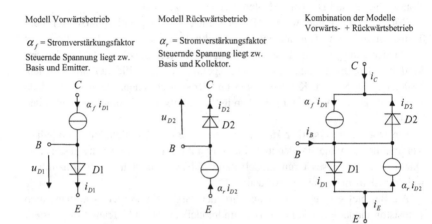

Das „Kombinationsmodell" (es wird nach seinen Erfindern als Ebers-Moll-Modell bezeichnet) ist schon recht brauchbar. Man sollte aber noch Widerstände und Kondensatoren zur Nachbildung der Bahnwiderstände (r_{BB}, r_{CC}, r_{EE}) und Sperrschichtkapazitäten (C_E, C_C) hinzufügen. Damit gewinnt man ein sehr gutes Modell, in dem auch die Frequenzabhängigkeit der Verstärkung realer Transistoren zum Ausdruck kommt. Dieses sogenannte erweiterte Ebers-Moll-Modell wird in Abb. 9.1 gezeigt. Es ist sehr realistisch und wird in Simulationsprogrammen verwendet.

9.4   Zusammenfassung und Ergänzungen

Kap. 9 ist die Krönung dieses Kompendiums! Der aufmerksame Leser, der zumindest die Kapitel über das Euler- und das Newton-Rhapson-Verfahren durchgearbeitet hat, erfährt in Kap. 9, wie Schaltungs-Simulationsprogramme (z. B. LTspice) grundsätzlich aufgebaut sind. Diese Programme sind sehr mächtig, es gibt für fast alle auf dem Markt befindlichen Bauelemente passende Modelle, die in Bauelemente-Bibliotheken abgelegt werden können. Solche Bibliotheken

Abb. 9.1 Erweitertes
Ebers-Moll-Modell eines
NPN-Transistors

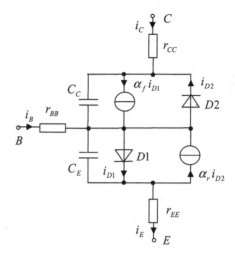

sind besonders wichtige Bestandteile von Schaltungs-Simulationsprogrammen. Mit Hilfe derartiger Programme und Bibliotheken können fast alle Schaltungen am PC entwickelt und untersucht werden. Die Arbeit mit Lötkolben, Oszilloskop usw. wird dadurch etwas in den Hintergrund gedrängt. Im nächsten Kapitel wird gezeigt, wie man erste Erfahrungen mit einem professionellen Schaltungssimulator gewinnen kann.

Crashkurs LTspice

10

10.1 Einführung

In den bisherigen Kapiteln haben wir die wichtigsten Analysemethoden für elektrische Schaltungen behandelt. Dabei sind auch numerische Verfahren berücksichtigt worden. Letztere bilden in Kombination mit dem Knotenpotenzial-Verfahren und dem Gauß-Algorithmus die Grundlage für rechnergestützte Schaltungssimulatoren.

Profi-Schaltungsentwickler arbeiten selbstverständlich mit Simulations-programmen und sparen dadurch Zeit und Geld. Studierende sollten ebenfalls derartige Werkzeuge benützen. Man kann dann z. B. überprüfen, ob „per Hand" gewonnene Analyseergebnisse richtig sind, man kann Versuchsschaltungen planen und testen und vieles mehr. Darüber hinaus wird auch erwartet, dass ein angehender Ingenieur mit derartigen Programmen arbeiten kann.

Der Leser dieses Kompendiums ist sicherlich besonders daran interessiert, Schaltungssimulatoren einmal selbst auszuprobieren. Er wird davon profitieren, dass er Hintergrundwissen besitzt. Dadurch kann er Simulationsparameter gezielter wählen und Simulationsergebnisse besser interpretieren.

Wer „Simulations- Know How" erwerben will, kann sich z. B. das von der Fa. Linear Technology entwickelte Simulationsprogramm LTspice kostenlos herunterladen. LTspice basiert auf dem bereits 1965 an der Universität Berkeley in Kalifornien entwickelten „Ursimulator" Spice (**S**imulation **P**rogram with **I**ntegrated **C**ircuit **I**nterface). Dieses Programm verfügt über keine komfortable Bedienoberfläche, ist aber als Public Domain Software kostenlos erhältlich. Im Laufe der Zeit haben verschiedene Firmen Spice mit einer zeitgemäßen Bedien-oberfläche versehen. Darunter auch die schon erwähnte Firma Linear Technology.

Die Ausführungen in diesem Kapitel beziehen sich LTspice XVII.

© Springer Fachmedien Wiesbaden GmbH, ein Teil von Springer Nature 2023
A. Gräßer, *Analyse linearer und nichtlinearer elektrischer Schaltungen*,
https://doi.org/10.1007/978-3-658-41009-4_10

Der Autor dieses Artikels möchte den noch nicht mit Schaltungssimulatoren vertrauten Lesern einen möglichst leichten Einstieg in LTspice ermöglichen. Er will aber gleichzeitig den Umfang dieses „Crashkurses" klein halten. Das bedeutet, dass nur das wirklich Wesentliche vermittelt werden kann, sozusagen die ersten Schritte. Wenn man diese Schritte beherrscht, hat man allerdings sehr gute Chancen, die vielen anderen Möglichkeiten des Programms selbst zu erkennen und zu erforschen.

Neben den üblichen PC-Kenntnissen werden beim Leser auch Grundkenntnisse der Schaltungstechnik vorausgesetzt. Es ist natürlich sehr hilfreich, wenn man die Simulationsergebnisse voraussehen und interpretieren kann. Und Der Leser sollte darüber hinaus eine große Experimentierfreudigkeit mitbringen, nur so kann er die vielen Möglichkeiten des Programms nach und nach „spielend" entdecken.

10.2   Daten, Fakten, Installation

Mit Hilfe von LTspice können lineare und nichtlineare, analoge und digitale Schaltungen simuliert werden. Dabei können verschiedene Analysearten gewählt werden:

Transient = Transientenanalyse
Das ist die umfassendste Analyseart, bei der alle Spannungen und Ströme der zu untersuchenden Schaltung ermittelt und als Funktion der Zeit dargestellt werden können. Dabei werden auch Schaltvorgänge, die Ein- und Ausschwingvorgänge (instationäre Zustände) zur Folge haben, berücksichtigt.

AC Analysis = Wechselstromanalyse
Bei dieser Analyseart können Schaltungen im stationären Zustand (also nach dem Abklingen der instationären Zustände) untersucht werden. Die Schaltungen werden dabei mit „kleinen" sinusförmigen Signalen erregt. Wegen der als gering vorausgesetzten Aussteuerungen können nichtlineare Kennlinien, beispielsweise von Transistoren, durch lineare Kennlinien angenähert werden. Bei dieser Analyseart kann die Frequenz einer erregenden Größe auch automatisch verändert werden (Sweep-Funktion), sodass Bodediagramme erzeugt werden können.

DC op pnt = Arbeitspunktanalyse (op pnt = Operation Point)
Mit Hilfe dieser Analyseart können Arbeitspunkte berechnet werden. Z. B. die Basis- und Kollektorspannung an einem Transistorverstärker. Dabei werden die

Signalquellen ignoriert. Nur die für den Betrieb notwendigen Gleichspannungs- bzw. Gleichstromquellen werden berücksichtigt. Kondensatoren können deshalb als Unterbrechungen, Spulen als Kurzschlüsse interpretiert werden.

DC sweep = Darstellung von Kennlinien
Diese Analyseart ist verwandt mit der Arbeitspunktanalyse, nur die Ergebnisse werden anders präsentiert. Bei der Arbeitspunktanalyse werden einzelne Spannungs- und Stromwerte ausgegeben, beim DC sweep können Kennlinien erzeugt werden (z. B. die I/U Kennlinie einer Diode).

DC Transfer = Berechnung von Impedanzen
Damit können Ein- bzw. Ausgangsimpedanzen von Schaltungen ermittelt werden. Die Schaltungen werden dabei mit niederfrequenten Signalen bzw. mit Gleichgrößen erregt.

Noise = Berechnung des Rauschverhaltens
Hier wird das Rauschverhalten von Schaltungen berechnet. Das ist z. B. wichtig für Hochfrequenzverstärker, die sehr kleine Signale verarbeiten müssen.

Wie oben schon erwähnt, kann eine Schaltung mittels der Transientenanalyse „allumfassend" untersucht werden. Warum werden dann noch andere Analysearten angeboten? Der Grund ist sehr einfach, man kann bei den spezielleren Analysearten mit einfacheren Rechenmethoden auskommen und Rechenzeit sparen.

Wir wollen uns im Folgenden ausschließlich mit der Transienten-, der Wechselstrom- und der Arbeitspunktanalyse analoger Schaltungen beschäftigen. Die anderen Analysearten kann der interessierte Leser dann selbst „erforschen".

Es muss noch erwähnt werden, dass Bauelementesymbole, Bezeichnungen elektrischer Größen usw. bei LTspice den amerikanischen Normen entsprechen. In Abb. 10.1 sind die deutschen und amerikanischen Symbole für Widerstände und Spulen nebeneinandergestellt.

Nun einige Informationen zu den in LTspice verwendbaren Zahlenformaten und numerischen Kürzeln sowie zur Installation des Programms.

| Widerstand Deutsches Symbol | Widerstand Amerikanisches Symbol | Spule Deutsches Symbol | Spule Amerikanisches Symbol |

Abb. 10.1 Deutsche und amerikanische Symbole für Widerstände und Spulen

Zahlenformate

Als Zahlenformate sind „integer" (z. B. 21) und „floating" (z. B. 3.14) erlaubt. Statt Kommas müssen Punkte verwendet werden.

Numerische Kürzel

f: femto	p: pico	n: nano	u: micro	m: milli
k: kilo	meg: mega	g:giga	t:terra	e:10-er Exponent

LTspice unterscheidet nicht zwischen Klein- und Großschreibung. Man kann beispielsweise m oder M für „milli" verwenden. Das numerische Kürzel muss immer ohne Leerzeichen direkt hinter der Zahl stehen.

Man könnte also einen Widerstand von 1500Ω folgendermaßen deklarieren: R = 1500 oder R = 1.5k oder R = 1.5 K oder R = 1.5e3

LTspice erkennt nur die oben angegebenen Kürzel. Wenn andere, für LTspice nicht bekannte Buchstaben bzw. Buchstabenfolgen direkt hinter den Zahlen stehen, werden sie vom Programm ignoriert. Man kann also z. B. 10 V schreiben, um anzudeuten, dass man 10 V meint.

Installation

Die Installation von LTspice ist wirklich einfach. Der Autor hat dazu die Downloadseite des Heise-Verlages benützt:

https://www.heise.de/download/product/lt-spice-iv-65702

Wenn man dann den üblichen Downloadanweisungen folgt, kann eigentlich nichts schiefgehen.

Abkürzungen

Um die Beschreibungen im Folgenden etwas kompakter zu gestalten, sollen einige wenige Abkürzungen eingeführt werden:

LMT = linke Maustaste, RMT = rechte Maustaste, MZ = Mauszeiger

Wenn mehrere Menüs und Untermenüs nacheinander aufgerufen werden sollen, wird das folgendermaßen abgekürzt:

Hauptmenü > Untermenü1 > Untermenü2 ....

10.3 Schaltungseingabe

Ein wichtiger Teil eines Simulationsprogramms ist die Schaltungseingabe. An Hand eines einfachen Tiefpasses, einer RC-Schaltung, soll demonstriert werden, wie man das mit LTspice bewerkstelligen kann.

Um mit der Schaltungseingabe zu beginnen, muss das Programm natürlich erst aufgerufen werden. Beim LTspice-Installationsprozess wird automatisch ein Desktop-Icon erzeugt. Mit einem Doppelklick auf dieses Icon mit der LMT kann man dann das Programm starten und ein Begrüßungsfenster erscheint.

Nun muss über die Menüleiste im Begrüßungsfenster

File > New Schematic
Aufgerufen werden und schon kann man mit der Schaltungseingabe beginnen. Wir wollen als Beispiel einen einfachen RC-Tiefpass zeichnen. Dazu benötigen wir einen Widerstand, einen Kondensator eine Spannungsquelle und einen Bezugsknoten. Im Folgenden wird zunächst erläutert, wie man einen Widerstand auf die Zeichenfläche holt und wie dieser Widerstand spezifiziert werden kann (Wert, Position auf der „Zeichenfläche" usw.).

Widerstandssymbol auf die Zeichenfläche holen
In der Symbolleiste auf dem LTspice Fenster, siehe Abb. 10.2, erkennen wir u. a. das Symbol für einen Widerstand. Um dieses Element auf die Zeichenfläche unterhalb dieser Symbolleiste zu holen, muss der MZ auf das Widerstandssymbol gezogen werden. Jetzt wird die LMT geklickt, das Symbol wird dann zur gewünschten Position gezogen. Nun wird die LMT und anschließend die RMT geklickt. Damit ist diese Aktion abgeschlossen. Neben dem Widerstandssymbol erscheint ein R1 (vorgeschlagene Bezeichnung des Widerstandes) und ein R (Platzhalter für den noch einzugebenden Widerstandswert).

Wert des Widerstandes auf 1kΩ setzen
MZ auf R ziehen, RMT klicken, im Pop Up Menü 1k eintragen, OK klicken.

Bezeichnung des Widerstandes ändern
MZ auf R1 ziehen, RMT klicken, im Pop Up Menü R1 z. B. durch R ersetzen, OK klicken.

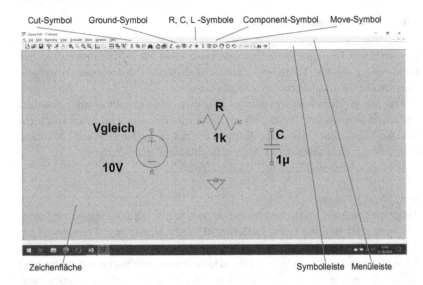

Cut-Symbol   Ground-Symbol   R, C, L -Symbole   Component-Symbol   Move-Symbol

Zeichenfläche   Symbolleiste   Menüleiste

Abb. 10.2   RC-Tiefpass, die benötigten Bauelemente

Widerstandsymbolgröße ändern
Die gewünschte Größe kann einfach durch Drehen des Maus-Rändelrades ein-
gestellt werden.

Widerstandssymbol verschieben
MZ auf das Move-Symbol (Hand) auf der Symbolleiste ziehen, LMT klicken.
Den MZ auf den Widerstand ziehen und die LMT klicken. Der Widerstand kann
nun an die gewünschte Stelle bewegt werden. Jetzt die LMT und danach die RMT
klicken. Damit ist diese Aktion beendet.

Wert/Bezeichnung am Widerstandssymbol verschieben
MZ auf das Move-Symbol auf der Symbolleiste ziehen, LMT klicken. Den MZ
auf den Wert/die Bezeichnung schieben und die LMT klicken. Jetzt können diese
Elemente verschoben werden. Zum Abschluss müssen nacheinander die LMT
und die RMT betätigt werden.

Widerstandssymbol drehen
MZ auf das Move-Symbol auf der Symbolleiste ziehen, LMT klicken, MZ auf
das Widerstandsymbol ziehen und die LMT klicken. Nun müssen die Tasten Strg

und R gedrückt werden und das Symbol dreht sich um 90°. Zum Beenden der
Aktion LMT, RMT klicken.

Widerstandssymbol löschen

MZ auf das Cut-Symbol (Schere) auf der Symbolleiste ziehen, LMT klicken, den
MZ auf das zu löschende Element schieben (Widerstandssymbol oder Bezeichner
oder Wert), LMT klicken, RMT klicken.

Diese „Manipulationsmöglichkeiten" sind hier speziell für das Widerstandssymbol beschrieben, sie gelten aber auch für alle anderen Bauelemente (z. B.
den Kondensator). Vielleicht ist es den Lesern schon aufgefallen, dass man die
beschriebenen Aktionen immer über das Klicken der RMT beendet. Wenn das
nicht geschieht, kann man die vorangegangenen Aktionen in einfacherer Form
wiederholen. Man kann dann z. B. gleich mehrere Widerstände „in einem Zug"
auf der Zeichenfläche ablegen.

Ferner sollte noch angemerkt werden, dass obige Manipulationen auch anders
ausgeführt werden können, z. B. über das Edit Menü auf der Menüleiste. Der
Leser sollte einfach experimentieren und sich geeignete Verfahren aneignen.

Wenn das mit dem Widerstand geklappt hat, sollte der Leser nun einen
Kondensator (C, 1 µF) auf die Zeichenfläche holen. Das Kondensatorsymbol ist
ebenfalls auf der Symbolleiste im LTspice-Fenster zu finden. Es kann, wie schon
erwähnt, genauso wie der Widerstand manipuliert werden. Anschließend wird
noch eine Spannungsquelle benötigt. Diese Spannungsquelle findet man nicht
direkt auf der Symbolleiste, man muss das Component-Symbol, vgl. Abb. 10.2,
aufrufen, im entsprechenden Pop Up Menü Voltage Source eingeben und auf
ok klicken. Dann erscheint das entsprechende Symbol auf der Zeichenfläche.
Sie sollten dem Symbol einen anderen Namen verpassen, z. B. Vgleich. Als
Spannung sollten sie 10 V wählen (diese Manipulationen werden genau wie beim
Widerstand durchgeführt!).

Als letztes fehlt noch das Ground-Symbol auf der Zeichenfläche. Dieses
Zeichen finden sie wieder direkt auf der Symbolleiste, siehe Abb. 10.2. In
Simulationsprogramm spielt das Knotenpotenzialverfahren eine wichtige
Rolle. Mit Hilfe dieses Verfahrens kann man in Rahmen einer Schaltungsanalyse
relativ einfach die Potenziale an allen Schaltungsknoten gegenüber einem frei
wählbaren Bezugsknoten (Ground, Masse, Erde) berechnen. Dieser Knoten muss
deshalb unbedingt in jeder Schaltung über das Ground-Symbol markiert werden.

Wenn sie alle Schaltungselemente eingegeben haben, sollte das LTspice-
Zeichenfenster etwa wie in Abb. 10.2 gezeigt aussehen.

Nun muss man die Elemente noch sinnvoll verbinden bzw. verdrahten. In
Abb. 10.3 wird gezeigt, wie die Schaltung endgültig aussehen soll.

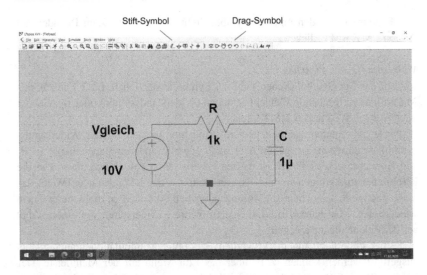

Abb. 10.3   RC-Tiefpass, fertig verdrahtete Schaltung

Wie kann man nun die Verbindungen zwischen den Elementen herstellen? Dazu muss der MZ auf das Stift-Symbol auf der Symbolleiste (vgl. Abb. 10.3) geschoben werden. Jetzt LMT klicken, ein Fadenkreuz (zwei sich kreuzende gestrichelte Linien) erscheint. Das Fadenkreuz wird auf den Anschluss eines Elementes geführt, LMT klicken, Verbindungsdraht „ziehen". Wenn die Richtung geändert werden soll: Nochmals die LMT klicken. Wenn die Aktion abgebrochen werden soll: LMT klicken, RMT zweimal klicken. Diese Aktionen müssen solange wiederholt werden, bis man alles verdrahtet hat. Einzelne Drähte, die fälschlich gelegt worden sind, kann man über das Cut-Symbol (vgl. oben) wieder entfernen.

Weiter oben wurde ja zunächst detailliert beschrieben wie man einzelne Elemente auf die Zeichenfläche holt und wie man diese Elemente manipuliert: Wie man Werte bzw. Bezeichner ändert, wie man die den Elementen zugeordneten Werteangaben bzw. Bezeichnungen verschiebt oder wie man die Elemente, Werteangaben und Bezeichnungen löschen kann. Wenn statt einzelner Elemente eine vollständige Schaltung vorliegt, kann man derartige Manipulationen genau wie oben schon beschrieben durchführen.

Deshalb im Folgenden nur einige Aktionen, mit denen man die gesamte Schaltung manipulieren kann.

Schaltung vergrößern, verkleinern
Durch Drehen des Maus-Rändelrades kann die gesamte Schaltung vergrößert oder verkleinert werden.

Schaltung auf der Zeichenfläche verschieben
LMT klicken und halten, dann kann die Schaltung mit der Maus auf der Bildfläche hin- und hergeschoben werden.

Einzelne Bauelemente verschieben, ohne dass Verbindungen „mitgezogen" werden
MZ auf das Move-Symbol auf der Symbolleiste ziehen, LMT klicken. Den MZ auf das in Betracht gezogene Bauelement ziehen und die LMT klicken. Das Element kann nun an die gewünschte Stelle bewegt werden. Jetzt die LMT und danach die RMT klicken. Damit ist diese Aktion beendet.

Einzelne Elemente verschieben und dabei die Verbindungen „mitziehen"
MZ auf das Drag-Symbol (kleine Hand, vgl. Abb. 10.3) auf der Symbolleiste ziehen, LMT klicken. Den MZ auf das in Betracht gezogene Bauelement schieben, LMT klicken. Das Element kann nun an die gewünschte Stelle gezogen werden. Zum Abschluss die LMT und danach die RMT klicken.

Der Leser, der hier angekommen ist, sollte die Schaltung jetzt erst einmal sichern. Das geschieht wie üblich über

File > Save oder besser über *File > Save As*

Als Dateiname sollte Tiefpass gewählt werden. Und der Leser sollte evtl. vorher ein Verzeichnis erstellen, in das er alle eigenen LTspice-Projekte abspeichern kann.

10.4 Transientenanalyse eines Tiefpasses, Sprungerregung

Nun sollten wir zunächst unseren Tiefpass über die Eingabefolge

File > Open > ...Tiefpas...
wieder aufrufen. Wir wollen als erstes eine einfache Transientenanalyse durchführen. Zum Zeitpunkt $t = 0$ soll die Eingangsspannung am Tiefpass von 0 V auf 10 V springen. Und wir nehmen an, dass der Kondensator zum Zeitpunkt $t = 0$ ungeladen ist.

Diese Parameter teilen wir dem Programm mit, indem wir auf der Menüleiste im LTspice Fenster *Simulate > Edit Simulation Cmd* wählen (oder wir klicken einfach auf die RMT und im „aufpoppenden" Menü wählen wir *Edit Simulation Cmd.*).

Damit öffnet sich ein Fenster, über das wir dem Programm mitteilen können, wie die vorliegende Schaltung analysiert werden soll.

Für unseren Fall klicken wir zunächst links oben im Fenster auf *Transient,* dann sollten die folgenden Angaben eingetragen werden:

Stop time	*3 m*
Time to start saving data	*0*
Skip initial operation point solution	*ankreuzen x*

Weitere Eingaben sind nicht erforderlich. Über Stop time wird angegeben, dass die Simulation nach 3 ms (ausgehend vom Simulationsbeginn) beendet werden soll. Skip initial operating point solution bewirkt, dass bei Simulationsbeginn alle Quellen gleichzeitig und augenblicklich eingeschaltet werden. Über den OK-Knopf müssen diese Eingaben bestätigt werden.

Die eingegebenen Simulationsparameter erscheinen dann auch in Kurz-form auf der Zeichenfläche und können dort, wie weiter oben beschrieben, auch gelöscht oder verschoben werden.

Um die Simulation zu starten, sollte nun auf der Symbolleiste das Run-Symbol („Rennendes Männlein"), s. Abb. 10.4, angeklickt werden. Nun passiert zunächst noch nichts, man muss erst einmal spezifizieren, welche Spannungen bzw. Ströme man darstellen will.

Wir wollen beispielsweise die Spannung am Kondensatoranschluss gegen Masse bzw. Ground darstellen. Dazu führen wir den MZ an die entsprechende Stelle bzw. den entsprechenden Knoten. Nun verwandelt sich der MZ in ein rotes Tastkopf-Symbol. Wenn jetzt die LMT geklickt wird, erscheint das Simulations-ergebnis (die erwartete ansteigende Exponentialfunktion) im Anzeigedisplay.

Jetzt soll noch der Strom durch den Kondensator dargestellt werden. Dazu wird der Mauszeiger auf das Kondensatorsymbol geführt. Nun verwandelt sich der MZ in einen roten Strompfeil. Wenn jetzt wieder die LMT geklickt wird, erscheint das Simulationsergebnis (die erwartete abfallende Exponentialfunktion) im Anzeigefenster. Den MZ kann man selbstverständlich auch auf das Wider-standssymbol führen, dann müsste sich eigentlich derselbe Stromverlauf ergeben. Aber in diesem Fall zeigt der Strompfeil in die entgegengesetzte Richtung, das Simulationsergebnis ist dann entsprechend zu interpretieren. Man muss also immer die Richtung des angezeigten Strompfeiles beachten!

Run-Symbol   Anzeigedisplay

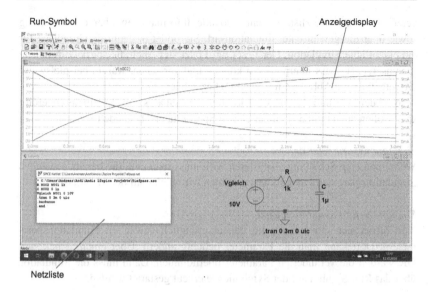

Netzliste

Abb. 10.4 RC-Tiefpass, Erregung mit Spannungssprung

In Abb. 10.4 sind die Simulationsergebnisse dargestellt. Die rote Kurve mit der Bezeichnung V(n002) zeigt den Spannungsverlauf am Knoten 002 an, das ist der Knoten zw. Widerstand und Kondensator. Die blaue Kurve mit der Bezeichnung I(C) zeigt den Stromverlauf I durch den Kondensator an.

In Abb. 10.4 ist auch noch die sogenannte Netzliste eingeblendet. Diese Liste erhält man, wenn man über die Menüleiste.

View > SPICE Netlist

aufruft. Was hat es nun damit auf sich? Mit der in der oben beschriebenen Weise erstellten Schaltung kann das Simulationsprogramm nicht viel anfangen. Deshalb wird die Schaltung automatisch in eine sogenannte Netzliste umgewandelt. Dabei werden zunächst alle Schaltungsknoten (das sind Stellen, an denen zwei oder mehrere Schaltungs-Elemente zusammengeschaltet sind) mit einer Nummer versehen. Anschließend werden alle Schaltungselemente und ihre Werte aufgelistet und die Knoten benannt, an denen sie angeschlossen sind. Abb. 10.4 kann man z. B. entnehmen, dass der Widerstand R zwischen den Knoten N001 Und N002 liegt und den Wert 1k aufweist. Die Abkürzung N kommt von Node (engl. Knoten). Der Knoten 0 wird automatisch dem Ground-Symbol (Masse, Erde) zugeordnet. In der Netzliste sind auch noch die Simulationsparameter verzeichnet. Die Netzliste enthält also alle Informationen über die Schaltung sowie über die gewünschte Simulationsart. Sie bildet deshalb die Grundlage für die eigentliche Simulation. Der Leser wird jetzt sicherlich die spezielle Netzliste für unseren Tiefpass interpretieren können und verstehen, warum beispielsweise die rote Kurve in Abb. 10.4 mit V(n002) bezeichnet wird.

Nachdem wir nun wissen, wie die Transientenanalyse im Prinzip durchgeführt wird, sollen noch einige „Feinheiten und Spezialitäten" behandelt werden.

Simulationsparameter ändern
Wenn man eine Schaltung analysieren will, muss man evtl. die bereits gewählten Simulationsparameter ändern. Dazu wählen wir wieder auf der Menüleiste.

Simulate > Edit Simulation Cmd
Nun öffnet sich ein Fenster mit den ursprünglich gewählten Simulationsparametern. Dort kann man die Parameter beliebig ändern. Über einen „Klick" auf OK werden die veränderten Parameter übernommen. Dann muss die Simulation über das Run-Symbol auf der Symbolleiste erneut gestartet werden.

Differenzspannungen messen
Bisher wurde nur erläutert, wie man Spannungen zwischen einem Knoten und dem Ground „messen" kann. Man kann mit LTspice aber auch Spannungen zwischen zwei beliebigen Knoten messen. Wir wollen beispielsweise die Spannung am Widerstand unseres Tiefpasses ermitteln, zwischen Knoten 1 und Knoten 2 (gemäß Netzliste ist Knoten 1 links am Widerstand, Knoten 2 rechts am Widerstand). Um das zu bewerkstelligen, muss man folgendermaßen vorgehen: Der MZ wird an den Knoten 2 geführt, er verwandelt sich dann zu einem Tastkopf-Symbol. Nun wird die RMT geklickt, ein Menü erscheint und man wählt *Mark Reference*. Jetzt erschein erneut das Tastkopf-Symbol. Dieser Tastkopf wird nun an den Knoten 1 geführt. Wenn man jetzt die LMT klickt, erschein der Spannungsverlauf auf dem Anzeigedisplay. Wie zu erwarten war, ist dieser Spannungsverlauf proportional zum Strom durch die Reihenschaltung aus Widerstand und Kondensator. Nach diesen Aktionen verbleibt ein graues Tastkopf-Symbol am Knoten 2, es könnte mit Hilfe der Schere auf der Symbolleiste gelöscht werden.

Kurvenverläufe löschen, editieren
Wenn man mehrere Kurvenverläufe auf dem Anzeigedisplay dargestellt hat, kann das schnell unübersichtlich werden. Deshalb ist es oft sinnvoll, einzelne Verläufe zu löschen. Dazu wird der MZ auf den „Bezeichner" der zu löschenden

Kurve geführt. Der MZ mutiert dann zu einem Handsymbol. Nun muss die RMT geklickt werden. Dann öffnet sich ein Fenster und wenn man *Delete this Trace* wählt, verschwindet der entsprechende Kurvenverlauf.

Mit LTspice können auch die einzelnen Kurvenpunkten zugeordneten Wertepaare ermittelt werden (z. B. der Wert einer Spannung zu einem bestimmten Zeitpunkt). Dazu wird der MZ auf den Bezeichner der zu vermessenden Kurve geführt. Nun muss die LMT geklickt werden und es erscheint ein Fadenkreuz, dessen Ursprung auf der zu vermessenden Kurve liegt. Das Fadenkreuz kann mit der Maus verschoben werden und in einem Fenster werden die entsprechenden Wertepaare numerisch angezeigt. Das Fenster kann wie üblich gelöscht werden, dann verschwindet auch das Fadenkreuz.

Besonders interessante Bereiche eines Kurvenverlaufs können auch „gezoomt" werden. Dazu muss der MZ auf das Anzeigedisplay geführt und die LMT gedrückt gehalten werden. Dann kann man einen Rahmen um den interessierenden Kurvenabschnitt ziehen. Wenn die LMT wieder losgelassen wird, erscheint der durch den Rahmen spezifizierte Kurvenbereich in vergrößerter Form. Das „Zoomen" kann rückgängig gemacht werden, indem man die RMT klickt und im „aufpoppendem" Fenster *Zoom to Fit* wählt.

Anfangswerte (initial conditions ic) berücksichtigen
Wir haben bisher immer angenommen, dass zum Schaltzeitpunkt $t = 0$ die Spannung am Kondensator 0 V beträgt. Wir wollen nun einmal annehmen, dass der Kondensator zum Schaltzeitpunkt schon auf 20 V aufgeladen ist. Wie können wir das dem Simulationsprogramm mitteilen? Dazu wird in der Menüleiste *Edit* angeklickt und das Untermenü *SPICE Directive'S'* gewählt. Dann öffnet sich ein Fenster und wir tragen.*ic v(n002) = 20* ein. 002 bezeichnet den Knoten am Ende des Kondensators, 20 bedeutet, dass eine Spannung von 20 V zwischen Knoten 002 und „Ground" liegt. Nachdem wir ok geklickt haben, werden diese Daten auch noch auf dem Anzeigefenster sichtbar gemacht. Nun können wir die Simulation starten. Wenn man dann die Spannung am Kondensator plottet, ergibt sich der in Abb. 10.5 dargestellte Verlauf. Man erkennt, dass der Verlauf der Kondensatorspannung erwartungsgemäß nun bei 20 V beginnt und dann im Lauf der Zeit auf 10 V abfällt. In Abb. 10.5 ist auch noch die Netzliste eingeblendet und man erkennt, dass auch in dieser Liste die Information über den Ladezustand des Kondensators zum Schaltzeitpunkt enthalten ist.

In komplexeren Schaltungen, die Spulen und Kondensatoren enthalten, beeinflussen alle Spannungen an den Kondensatoren und alle Ströme durch die Spulen zum Schaltzeitpunkt den Einschwingvorgang. Diese Werte werden ja bekanntlich Anfangswerte oder englisch initial conditions genannt. In unserem

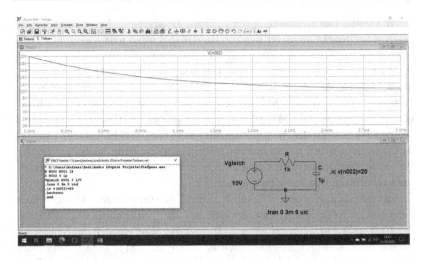

Abb. 10.5 RC-Tiefpass, Kondensator zum Schaltzeitpunkt geladen

„Einfachstbeispiel" lag ein Anschluss des Kondensators an Masse bzw. Ground. Wenn das nicht der Fall ist, müssen die Spannungen an beiden Anschlüsse der Kondensatoren wie oben beschrieben spezifiziert werden. Wenn beispielsweise an einem Kondensator 15 V anliegen soll, könnte das dann z. B. so aussehen:. ic v(n002) = 30,.ic v(n003) = 15.   Die Deklaration des Anfangswertes einer Spule sieht etwas anders aus. Wenn beispielsweise der Strom durch die Spule L5 zum Schaltzeitpunkt 1.5 A beträgt, muss folgender Eintrag über Edit > SPICE directive'S' vorgenommen werden:.ic i(L5) = 1.5

10.5   Transientenanalyse eines Tiefpasses, Impulserregung

Wir wollen nun nochmals eine Transientenanalyse durchführen, allerdings wollen wir diesmal eine Impulsfolge mit der Periodendauer T = 1 ms, einem Tastverhältnis von 1:1 und einer Amplitude von einem Volt zum Zeitpunkt t = 0 an den Eingang des Tiefpasses schalten.

Dazu wählen wir über die obere Menüleiste.

Simulate > Edit Simulation Cmd
Nun klicken wir zunächst links oben im „aufpoppendem Fenster" auf Transient. Dann sollten die folgenden Angaben eingetragen werden:

Stop time	10 m
Time to start saving data	0
Skip initial operation point solution	ankreuzen x

Bis hierher ist alles identisch mit der Vorgehensweise im voran gegangenen Abschnitt. Jetzt müssen wir dem Programm aber noch mitteilen, dass wir zum Zeitpunkt $t = 0$ die oben spezifizierte Impulsfolge an den Tiefpass schalten wollen. Dazu wird der MZ auf die Spannungsquelle geschoben und die RMT geklickt. Nun öffnet sich ein Fenster und wir müssen *Advanced* wählen. Nun „poppt" erneut ein Fenster auf, wir kreuzen *Pulse* an und tragen folgende Werte in das Formular ein:

Vinitial	0
Von	1
Tdelay	0
Trise	0
Tfall	0
Ton	0.5 m
Tperiod	1 m
Ncycles	0

Die Bezeichnungen sprechen für sich, ausgenommen die letzte Eingabe für *Ncycles*: Wenn dort 0 eingetragen wird, ist die Impulsfolge am Eingang unbegrenzt. Wenn statt der 0 z. B. eine 3 eingetragen würde, bricht die Impuls-folge nach 3 Impulsen ab.

Jetzt kann die Simulation über das Run-Symbol gestartet werden. Nun müssen noch die Knoten ausgewählt werden, an denen die Spannungsverläufe geplottet werden sollen, dann erhält man die Simulationsergebnisse, siehe Abb. 10.6.

In Abb. 10.6 sind die Verläufe der Spannungen am Eingang (Knoten 001) und am Ausgang (Knoten 002) dargestellt. Man kann erkennen, dass am Ausgang unseres Tiefpasses eine Spannung entsteht, die etwa dem arithmetischen Mittel-wert der Eingangsspannung entspricht.

Der interessierte Leser sollte nun ein wenig experimentieren. Er kann z. B. für *Ncycles*

statt der 0 eine andere Zahl einsetzen oder er kann die Werte der Bauelemente so ändern, dass die Mittelwertbildung durch den Tiefpass genauer wird. Achtung, nach solchen Änderungen muss die Simulation immer wieder neu gestartet werden!

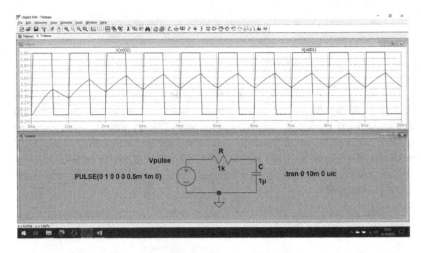

Abb. 10.6   RC-Tiefpass, Erregung mit einer Impulsfolge

10.6   Wechselstromanalyse eines Tiefpasses, Bodediagramm

In den voran gegangenen Abschnitten haben wir Transientenanalysen durch-geführt, jetzt wollen wir eine Wechselstromanalyse unseres Tiefpasses vor-nehmen. Genauer gesagt: Wir wollen ein Bodediagramm für den Bereich 100 Hz bis 10 kHz plotten. Dieses Vorhaben müssen wir dem Programm wieder mit-teilen. Dazu wählen wir.

Simulate > Edit Simulation Cmd
Damit öffnet sich ein Fenster. Dort wird jetzt im oberen Bereich *ACAnalyse* gewählt. Nun muss wieder ein Formular ausgefüllt werden:

Type of sweep	Decade
Number of points per decade	100
Start frequency	100
Stop frequency	10 k

Nach dem Klick auf OK muss der MZ auf die Spannungsquelle geschoben werden und anschließend muss die RMT geklickt werden. Nun erscheint ein

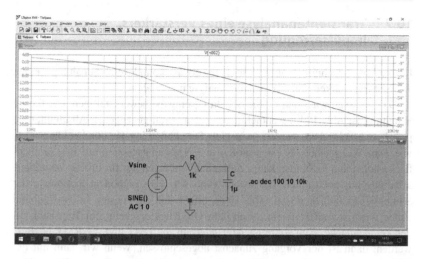

Abb. 10.7 RC-Tiefpass, Bodediagramm

neues Formular und man muss rechts unten *Advances* wählen. Ein weiteres Formular öffnet sich. Dort muss man zunächst im linken Bereich *SINE* ankreuzen. Anschließend müssen rechts oben unter der Rubrik *Small signal AC Analysis(AC)* noch folgende Angaben gemacht werden:

AC Amplitude	*1*
AC Phase	*0*

Nach dem Betätigen des OK Knopfes kann die Simulation gestartet werden. Um das Bodediagramm zu plotten, muss nur wie üblich der MZ zum Schaltungsausgang (das obere Ende des Kondensators) geführt und die LMT geklickt werden. Abb. 10.7 zeigt das Ergebnis der Simulation.

Im Bodediagramm wird der Amplitudengang als dickere rote Kurve und der Phasengang als dünnere rote gepunktete Kurve dargestellt. Man kann erkennen, dass die Grenzfrequenz (das ist die Frequenz, bei der der Amplitudengang um 3dB gegenüber dem Anfangswert gefallen ist) bei 160 Hz liegt. Weiter oben wurde ja beschrieben, wie man Kurven zoomen kann bzw. wie die den einzelnen Kurvenpunkten zugeordneten Wertepaare (hier dB Werte bzw. Phasenwinkel/ Frequenzen) ermittelt werden können. Mit diesen Methoden kann die Grenzfrequenz ziemlich genau bestimmt werden.

10.7   Transientenanalyse eines Verstärkers, Impulserregung

In diesem Abschnitt wollen wir eine etwas komplexere Schaltung, einen Transistorverstärker, einer Transientenanalyse unterziehen.

Dazu müssen wir zunächst die Schaltungseingabe bewerkstelligen. Die fertige Schaltung ist Abb. 10.8 zu entnehmen. In den voran gegangenen Abschnitten ist ja schon beschrieben worden, wie eine Schaltungseingabe durchgeführt wird, wie man Widerstände, Kondensatoren und Spannungsquellen auf die Zeichenfläche holen und verbinden kann. Zusätzlich benötigen wir für unsere Verstärkerschaltung nur noch einen Transistor. Wenn wir das Component-Symbol in der Symbolleiste anklicken (vgl. Abb. 10.8), öffnet sich ein Fenster. In das Suchfeld geben wir *npn transistor* ein. Nach dem OK-Klick erscheint ein Transistor auf der Zeichenfläche. Nun sollte nacheinander auf die LMT und die RMT geklickt werden, dann ist der Vorgang zunächst abgeschlossen. Wenn wir dann mit der RMT auf das Transistorsymbol klicken, erscheint wieder ein Fenster. Wir wählen *Pick New Transistor,* eine Liste öffnet sich und dort kann man den gewünschten Transistor *BC547C* markieren und über die OK-Taste auf die Zeichenfläche „befördern". Nun kann man die Bauelemente in der gewünschten Weise verbinden.

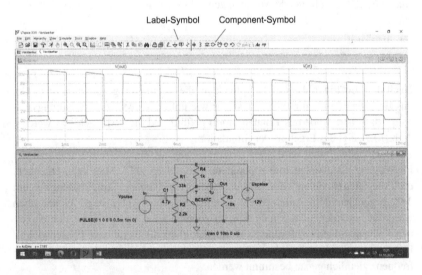

Abb. 10.8 Verstärker, Erregung mit einer Impulsfolge

Nun noch eine kleine Besonderheit: manchmal ist es sinnvoll, eine Schaltung mit einer Beschriftung bzw. einem Label zu versehen. Bei unserem Verstärker wollen wir das einmal praktizieren. Wir wollen den Eingang bzw. Ausgang der Schaltung mit In bzw. Out bezeichnen. Dazu klicken wir mit der LMT auf das Label-Symbol auf der Symbolleiste (vgl. Abb. 10.8). In das sich öffnende Fenster tragen wir *In* bzw. *Out* ein, klicken auf OK, ziehen das Label an die gewünschte Stelle und klicken nacheinander auf die LMT und die RMT.

Der Beschriftung kann direkt an eine Verbindung „angeheftet" oder irgendwo auf dem Anzeigedisplay abgelegt werden. Im letzteren Fall muss der Label noch über einen neu zu verlegenden „Draht" mit der Schaltung verbunden werden.

Wir wollen nun eine Transientenanalyse des Verstärkers durchführen. Eine Impulsfolge mit der Periodendauer T = 1 ms, einem Tastverhältnis von 1:1 und einer Amplitude von einem Volt soll zum Zeitpunkt t = 0 an den Eingang des Verstärkers geschaltet werden.

Dazu wählen wir über die obere Menüleiste.

Simulate > Edit Simulation Cmd
Nun klicken wir zunächst links oben im „aufpoppendem Fenster" auf *Transient*.
Dann sollten die folgenden Angaben eingetragen werden:

Stop time	*10 m*
Time to start saving data	*0*
Skip initial operation point solution	*ankreuzen x*

Jetzt müssen wir dem Programm aber noch mitteilen, dass wir zum Zeitpunkt t = 0 die oben spezifizierte Impulsfolge an den Verstärker schalten wollen. Dazu wird der MZ auf die Sinusquelle geschoben und die RMT geklickt. Nun öffnet sich wieder ein Fenster und wir müssen *Advanced* wählen. Nun „poppt" erneut ein Fenster auf, wir kreuzen *Pulse* an und tragen folgende Werte in das Formular ein:

Vinitial	*0*
Von	*1*
Tdelay	*0*
Trise	*0*
Tfall	*0*

Ton	0.5 m
Tperiod	1 m
Ncycles	0

Jetzt wird wie üblich die Simulation gestartet. Anschließend wird der MZ auf Out bzw. In geschoben und die LMT geklickt. Damit erhält man die in Abb. 10.8 dargestellten Ergebnisse.

Man erkennt an Hand von Abb. 10.8, das der Einschwingvorgang relativ langsam vonstatten geht.

10.8   Arbeitspunktanalyse eines Verstärkers

Zum Abschluss unseres Crashkurses wollen wir noch eine Arbeitpunktanalyse des Verstärkers von Abb. 10.8 durchführen. D. h. wir wollen wissen, welche Spannungen an den Schaltungsknoten liegen bzw. welche Ströme durch die Bauelemente fließen. Die Signalquelle wird bei dieser Analyseart ignoriert. Nur die Speisespannung Uspeise wird berücksichtigt. Die Kondensatoren können deshalb als Unterbrechungen angesehen werden.

Diese Analyseart wird gestartet, indem wir auf der Menüleiste

Simulate > Edit Simulation Cmd
In dem sich nun öffnendem Fenster wählen wir diesmal *DC op pnt*. Nun wird auf OK geklickt. Jetzt muss das auf der Symbolleiste zu findende Run-Symbol angeklickt werden. Nun erscheint eine Liste, auf der alle Knotenspannungen und alle Ströme durch die Bauelemente verzeichnet sind. Die Schaltung mit der entsprechenden Liste ist Abb. 10.9 zu entnehmen.

Die in der Liste aufgeführten Spannungen werden durch die Angabe der entsprechenden Knoten spezifiziert. Die Knoten kann man der Netzliste entnehmen. Wie man die Netzliste sichtbar machen kann ist bereits weiter oben beschrieben worden. Der Einfachheit halber sind in die Schaltung gemäß Abb. 10.9 Label mit den Knotennummern eingefügt. Die Zuordnungen der in der Liste aufgeführten Ströme zu den entsprechenden Bauelementen werden durch die angefügten Bezeichner der jeweiligen Bauelemente ermöglicht.

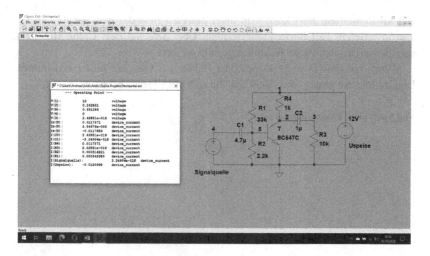

Abb. 10.9 Verstärker, Arbeitspunktanalyse

10.9 Zusammenfassung und Ergänzungen

Der Crashkurs ist nun zu Ende und der Autor hofft sehr, dass dem Leser die ersten Schritte mit LTspice leicht gefallen sind. Die Bedienung dieses Simulationsprogrammes ist etwas gewöhnungsbedürftig, aber mit etwas Übung wird alles einfacher (wie üblich)!

Der Leser dieses Buches sollte nun weiter experimentieren, um nach und nach die vielfältigen Möglichkeiten des Programms zu erforschen.

Es ist sinnvoll, zunächst sehr einfache Schaltungen zu simulieren, sodass man eine Chance hat, die Simulationsergebnisse zu kontrollieren.

Um die Simulationsergebnisse besser zu erkennen ist es oftmals sinnvoll, die Farben der Kurven im Anzeigedisplay zu ändern. Dazu braucht man nur den Bezeichner über der in Betracht gezogenen Kurve mit der RMT anzuklicken. Dann öffnet sich ein Fenster und über *Trace Color* können die verschiedensten Farben gewählt werden.

Um die Hintergrundfarbe des Anzeigedisplays zu ändern kann man auf der Symbolleiste das Control Panel-Symbol (Hammer) anklicken. Dann öffnet sich wieder ein Fenster. Nun sollte *Waveform* und anschließend *Color Scheme[*]*

angeklickt werden. Jetzt kann man unter *Selected Item* das gewünschte Objekt, also in unserem Fall *Background*, wählen. Über *Selected Item Color Mix* kann nun die gewünschte Farbe zusammengestellt werden.

Wenn irgendetwas nicht klappt oder unklar ist: Googeln hilft (fast) immer. Und im Internet gibt es viele Beiträge, die sich mit LTspice befassen.

Viel Spaß beim Experimentieren!

Literatur

Mathematische Grundlagen

Papula L (2009) Mathematik für Ingenieure und Naturwissenschaftler, Band 1, 2, 3. Vieweg + Teubner, Wiesbaden

Elektrotechnische Grundlagen

Clausert H, Hinrichsen V, Stenzel J, Wiesemann G (2011) Grundgebiete der Elektrotechnik, Band 1, 2. Oldenbourg, München

Fleischmann D (1999) Basiswissen Elektrotechnik. Vogel Verlag, Würzburg

Führer A, Heidemann K, Nerreter W (2006) Grundgebiete der Elektrotechnik, Band 1, 2. Hanser, München

Gräßer A, Wiese J (2001) Analyse linearer elektrischer Schaltungen Hüthig Verlag, Heidelberg

Hagemann G (2011) Grundlagen der Elektrotechnik. AULA-Verlag, Wiebelsheim

Weißgerber W (2007) Elektrotechnik für Ingenieure, Band 1, 2, 3. Vieweg + Teubner, Wiesbaden

Elektronik, Regelungstechnik und Mechatronik

Froriep R, Mann H, Schiffelgen H (2000) Einführung in die Regelungstechnik. Hanser, München

Gerth W, Heimann B, Popp K (2001) Mechatronik. Fachbuchverlag, Leipzig

Zacher S, Reuter M (2011) Regelungstechnik für Ingenieure. Vieweg + Teubner, Wiesbaden

Zastrow D (2011) Elektronik. Vieweg + Teubner, Wiesbaden

© Springer Fachmedien Wiesbaden GmbH, ein Teil von Springer Nature 2023   141
A. Gräßer, *Analyse linearer und nichtlinearer elektrischer Schaltungen*,
https://doi.org/10.1007/978-3-658-41009-4

Numerische Verfahren in der Elektrotechnik

Calahan D (1973) Rechnergestützter Schaltungsentwurf. Oldenbourg, München, Wien
Gräßer A (1995) Analyse und Simulation elektronischer Schaltungen. Vieweg, Wiesbaden

Stichwortverzeichnis

© Springer Fachmedien Wiesbaden GmbH, ein Teil von Springer Nature 2023   143
A. Gräßer, *Analyse linearer und nichtlinearer elektrischer Schaltungen,*
https://doi.org/10.1007/978-3-658-41009-4

Printed in the United States
by Baker & Taylor Publisher Services

Printed in the United States
by Baker & Taylor Publisher Services